摄影师

的后期必修课

郭浩　曾瑞棉 —— 著

实战案例篇

人民邮电出版社

北京

图书在版编目（CIP）数据

摄影师的后期必修课. 实战案例篇 / 郭浩，曾瑞棉
著. -- 北京：人民邮电出版社，2024.7
ISBN 978-7-115-64337-7

Ⅰ. ①摄… Ⅱ. ①郭… ②曾… Ⅲ. ①图像处理软件
—教材 Ⅳ. ①TP391.413

中国国家版本馆CIP数据核字(2024)第093293号

内 容 提 要

想要修出好照片，精通数码摄影后期处理技术是必不可少的。本书系统全面地介绍了人像后期、风光后期、人文后期、建筑后期、花卉后期及创意后期等基础知识和实用技法，旨在帮助读者提升照片后期修饰技巧，打造出独特且富有表现力的影像作品。

本书主要内容包括人像照片AI后期技巧、人像照片专业级精修技巧、风光照片后期的一般技巧、提升风光照片艺术表现力的技巧、打造具有电影感的城市风光照片、打造富有科技感的城市风光照片、低饱和度人文照片的处理技巧、黑白人文照片的后期技巧、一般建筑类照片的后期技巧、提升古建筑照片的艺术表现力、打造冷暖对比的古建效果、打造极简风格的古建筑照片、花卉照片二次构图技巧、利用AI+蒙版制作黑背景花卉照片、利用AI技术虚化花卉照片的背景、制作多重曝光创意效果、制作流行的莫兰迪色调照片、"荷塘月色"效果的制作、更换天空打造光影大片，等等。

本书适合数码摄影、照片后期处理等领域各层次的读者参考学习。无论是专业修图师，还是普通的摄影后期爱好者，都可以通过本书精进自己的摄影后期修图技法，提升影像作品的质量。

◆ 著　　　　郭　浩　曾瑞棉

　　责任编辑　张　贞

　　责任印制　周昇亮

◆ 人民邮电出版社出版发行　　北京市丰台区成寿寺路 11 号

　　邮编　100164　电子邮件　315@ptpress.com.cn

　　网址　https://www.ptpress.com.cn

　　北京九天鸿程印刷有限责任公司印刷

◆ 开本：690×970　1/16

　　印张：14　　　　　　　　　　　2024 年 7 月第 1 版

　　字数：244 千字　　　　　　　　2024 年 7 月北京第 1 次印刷

定价：79.80 元

读者服务热线：(010)81055296　印装质量热线：(010)81055316
反盗版热线：(010)81055315
广告经营许可证：京东市监广登字 20170147 号

　　"达盖尔摄影术"自 1839 年在法国科学院和艺术院正式宣布诞生后，其用摄影捕捉、定格瞬间的能力一直让我们着迷。某种程度上，摄影的核心是对摄影人内在感知的转化——围绕日常事物、自然环境、新闻等命题展开创作，对看得见的、看不见的，以及形而上的一种诠释。不同的作品也体现了摄影人个体性、差异性的价值观。

　　在数字时代，几乎每个人都拥有一部带有摄像头的智能手机，出于对外在的感知、思考和记录，不管创作和传播的技术如何发展，摄影的基本行为和摄影存在的基本理由似乎让我们所有人都成为了"摄影师"。

　　然而，就创作手段而言，简单地复刻外在场景难以达到深刻的情感共鸣。事实上，无论是纪实新闻，还是艺术题材，摄影从来都不是简单的"再现"。摄影创作，永远与艺术家的想象力、创造力、价值观密不可分！在摄影创作中，个体化的视觉经验和生活体验是摄影创作图式语言的渊源，而又因个体性的差异形成了摄影艺术形态的多样性，呈现出各尽其美的面貌。

　　摄影是一个用眼睛去看，用心去感受，通过快门与后期调整更直观地体现作者的内心，从而引发观者共情的创作过程。摄影创作更应该注重"感知的转化和感知的长度"，对更深程度的感觉、感知进行发掘。优秀的摄影作品不一定是描述宏大场景的壮阔与悲壮，但一定与每个人的平凡生活产生共鸣。这些作品源自作者对外在世界的感受和理解，然后通过摄影语言呈现给观者，从而让观者产生情感、记忆及内心视觉的共情，形成陌生而熟悉的体验。作者的感受和理解越深刻，作品的感染力就越强。归根结底，所谓摄影，即找到能触动自己的、自己最想要表达的情感世界，并通过画面传达给观者。

十余年历程，十余年如斯，大扬影像始终以不变的初心，探索摄影前沿趋势，重视和扶持摄影师的成长，认同美学与思想兼具的作品。春华秋实，大扬影像汇聚各位大扬人，以敏锐的洞察力及精湛的摄影技巧，为大家呈现出一套系统、全面的摄影系列图书，和各位读者一起去探讨摄影的更多可能性。摄影既简单，又不简单。如何用各自不同的表达方式，以独特的视角，在作品中呈现自己的思考和追问——如何创作和成长？如何深层次表达？怎样让客观有限的存在，超越时间和空间，链接到更高的价值维度？这是本系列图书所研究的内容。

系列图书讨论的主题十分广泛，包括数码摄影后期、短视频剪辑、电影与航拍视频制作，以及 Photoshop 等图像后期处理软件对艺术创作的影响，等等。与其说这是一套摄影教程，不如说这是一段段摄影历程的分享。在该系列图书中，摄影后期占了很大一部分，窃以为，数码摄影后期处理的思路比技术更重要，掌握完整的知识体系比学习零碎的技法更有效。这里不是各种技术的简单堆叠，而是一套摄影后期处理的知识体系。系列图书不仅深入浅出地介绍了常用的后期处理工具，还展示了当今摄影领域前沿的后期处理技术；不仅教授读者如何修图，还分享了为什么要这么处理，以及这些后期处理方法背后的美学原理。

期待系列图书能够从局部对当代中国摄影创作进行梳理和呈现，也希望通过多位摄影名师的经验分享和美学思考，向广大读者传递积极向上、有温度、有内涵、有力量的艺术食粮和生命体验。

杨勇

2024 年元月

福州上下杭

前言

　　摄影后期处理正在越来越受欢迎，它甚至改变了我们认知事物的方式。现在，人们更多地通过观察图像而非阅读文字来获取信息，因此不懂图像阅读可能成为新时代的"文盲"。摄影后期处理不仅满足了我们追求美的需求，也是一种交流工具，因此了解和掌握它具有实际价值。

　　虽然高端相机和智能手机等器材已经让拍摄变得更加方便，能够轻松获得不错的效果，但摄影后期处理的技巧是智能设备无法提供的。要掌握摄影后期处理，我们需要摆脱对器材的依赖，学习掌握实际的处理技术。

　　本书旨在为广大摄影爱好者提供充分的后期处理技巧，帮助他们掌握各类摄影题材的后期处理方法，提升作品的艺术表现力。全书共包含 19 章内容，涵盖了人像、风光、人文、建筑、花卉以及创意后期等多个题材领域。每一章都通过生动的案例和实用的技巧，详细探讨了不同摄影题材的后期处理方法，包括从构图到色彩调整、局部细节处理等方方面面，旨在帮助读者掌握丰富多样的后期处理技能。

　　翻阅本书时，您将会惊喜地发现，这是一个由光与影构成的神秘世界。这里有风光如画的山水，有凝重肃穆的古建筑，有华美绽放的花朵，有深邃内敛的人物情感。在这个世界里，您可以随心所欲地进行构图、调整色彩、修剪细节，让每一张照片都成为您的艺术杰作。

　　愿本书能够为您的摄影之路增添一抹生动与丰富的色彩，为您的创作之路增添一份光彩和活力。

目录

第1章 人像照片 AI 后期技巧

在本章中，我们将结合具体的照片，详细介绍如何利用 Adobe Camera Raw（简称 ACR）对人像照片进行全方位精修的技巧，原图与效果图分别如图 1-1 和图 1-2 所示。

图 1-1

图 1-2

照片二次构图

首先，我们将这张故宫人像照片导入到 ACR 中，如图 1-3 所示。我们观察画面可知，照片的整体构图还算协调，但四周稍显空旷，不够紧凑。因此，我们选择右侧工具栏中的裁剪选项，进入裁剪界面，并解除纵横比限制。然后，单击边线并按住鼠标在预览图像中向内拖移裁剪区域框，对画面进行二次

图 1-3

构图，以使其更紧凑，如图 1-4 所示。最后双击鼠标左键完成裁剪。裁剪后的画面构图更为紧凑，人物也更加突出。

图 1-4

照片影调层次优化

我们观察照片，会发现人物的面部存在一些问题，尤其是眼睛区域较暗，缺少光线照射。此外由于光线影响，人物的皮肤显得有些粗糙，如图 1-5 所示。为了优化照片，我们首先单击展开"亮"面板，然后单击"Auto"按钮，让软件自动对画面进行优化，如图 1-6 所示。

图 1-5

图 1-6

在对画面进行调整后，我们发现画面的饱和度有些过高。为了解决这个问题，我们先切换到"颜色"面板，降低"自然饱和度"的值，如图 1-7 所示。然后，切换到"亮"面板，继续对画面进行调整，我们降低"高光"的值，提高"阴影"和"黑色"的值，以避免暗部的细节损失过多，如图 1-8 所示。通过以上调整，我们完成了对照片整体影调的优化。

图 1-7

图 1-8

人物部分的 AI 调整

下面我们对人物部分进行优化。我们单击右侧工具栏中的蒙版选项，进入蒙版界面。此时，软件正在查找照片中的人物，如图 1-9 所示，等待一段时间后，人物已经被检测出来了。这时我们单击人物图标，如图 1-10 所示。

图 1-9

图 1-10

软件针对整个人物创建了选区，如图 1-11 所示。但实际上我们需要对人物的各个区域进行精修。因此，我们需要在人物蒙版选项下方选择不同的调整区域。我们先将面部皮肤、身体皮肤、眉毛、眼睛巩膜、虹膜和瞳孔、唇这几个选项进行勾选。然后勾选下方的"创建 6 个单独蒙版"复选框，单击"创建"按钮，如图 1-12 所示。

图 1-11　　　　　　　　　　　　　　　　图 1-12

单击"创建"按钮后，会打开"创建新蒙版"面板，并且我们勾选的选项都分别生成了相应的蒙版。我们单击选择面部皮肤蒙版。然后，在右侧的"亮"面板中，我们提高"曝光"值，以提亮人物的面部皮肤；稍微降低"高光"值，以避免皮肤出现曝光过度问题，如图 1-13 所示。在"颜色"面板和"效果"面板中，我们降低"清晰度""纹理"和"饱和度"的值，使人物的皮肤显得更加白皙，如图 1-14 所示。

图 1-13

图 1-14

　　此时，我们可以使用键盘上的"Ctrl++"组合键，放大人物面部。然后按住空格键并使用鼠标拖动照片，以便更好地观察人物面部。我们可以看到人物面部皮肤变得更白、更光滑了一些，如图 1-15 所示。如果感觉参数调整的幅度还不够，我们可以继续降低"纹理"和"清晰度"的值，稍微降低"去除薄雾"的值，以使人物面部皮肤更加光滑，如图 1-16 所示。这样人物的面部皮肤就完成了初步优化。

图 1-15

图 1-16

接下来，我们单击选中身体皮肤蒙版，并提高"曝光"值，降低"饱和度""纹理"及"清晰度"的值，以改善人物身体皮肤的效果，如图 1-17 所示。需要注意的是，身体部分的皮肤亮度不应该太高，应该比面部皮肤稍暗一些。然后，我们选择人物的嘴唇蒙版，提高"曝光"值，稍微提高嘴唇的亮度，使其呈现出红润、明亮的色彩，如图 1-18 所示。这样可以让人物的嘴唇看起来更加健康。

图 1-17

图 1-18

接着，我们单击眼睛巩膜蒙版，并提高"曝光"值，让人物的眼睛更有神采，如图 1-19 所示。然后单击虹膜和瞳孔蒙版，同样提高"曝光"值，如图 1-20所示。

图 1-19

图 1-20

对于人物的眉毛部分，同样可以提高"曝光"值，但幅度不宜过大，以免眉毛变得不够黑，如图 1-21 所示。通过这样的优化，人物的皮肤和五官部分都得到了改善。在调整之前，人物的面部皮肤黯淡无光，比较粗糙，眼睛也显得无神。但是，在调整之后，这些问题都得到了解决。

至于人物的衣服部分，整体的明暗以及色彩等都比较协调，因此不需要进行过多的处理。

图 1-21

我们单击右侧面板工具栏中的编辑选项，退出蒙版界面，切换到编辑界面，如图 1-22 所示。此时观察照片，可以发现人物的表现力得到了提升，但是背景过于清晰。因此，我们单击展开"镜头模糊"面板并勾选"应用"复选框。软件会对画面进行分析，提取画面中的背景并对其进行一定幅度的优化，如图 1-23 所示。

图 1-22

图 1-23

对于背景模糊的效果，我们可以选择不同的光圈形式。比如我们选择环状光圈，为背景中添加一些漂亮的模糊光斑，如图 1-24 所示。

图 1-24

调色处理

对于画面背景的亮度以及整体的色彩倾向，我们也可以进行简单的调整。我们切换到"颜色"面板，在其中稍微提高"色温"值，降低"色调"值，使画面呈现出偏黄、偏绿的色调，如图 1-25 所示。这样可以使照片呈现一种复古的感觉。

图 1-25

接下来，我们对人像的面部进行清晰度调整，以达到一定的磨皮效果。我们切换到"效果"面板，降低"清晰度"值，可以看到人物的面部皮肤再次柔化。同时，稍微降低"纹理"值，这样人物皮肤的效果会更好一些，如图 1-26 所示。

图 1-26

我们观察当前的画面，会发现四周的亮度非常高，这会影响到主体人物的突出效果。因此，我们降低"晕影"值，为画面添加一些轻微的暗角效果，如图 1-27 所示。

图 1-27

锐化处理

接下来，我们切换到"细节"面板，提高"锐化"值，同时按住键盘上的
"Alt"键，并提高"蒙版"值，如图 1-28 所示。需要注意的是，在处理人物面
部时，我们不应该对皮肤比较平滑的部分进行过度锐化。主要的锐化区域应该是
眼睛、鼻子、嘴唇、眉毛以及人物周边的轮廓。因此，我们需要大幅度提高"蒙
版"值，以限定锐化的区域。至此，这张照片在 ACR 中的处理才算是最终完成
了，如图 1-29 所示。

图 1-28

图 1-29

液化，对人物五官等重新塑形

我们单击"确定"按钮，如图 1-30 所示，将照片载入到 Photoshop。我们单击菜单中的"滤镜"，然后选择"液化"，如图 1-31 所示。

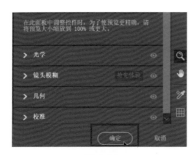

图 1-30 图 1-31

选择后，会弹出液化界面。在该界面中，我们可以对人物的面部轮廓进行一些优化。在右侧的参数面板中，我们可以对人物脸部的形状进行调整。比如，可以收紧脸部宽度，收缩下颌的宽度，这样人物会显得更消瘦一些。此外，还可以稍微压缩鼻子的宽度，使人物显得更加秀气，如图 1-32 所示。

图 1-32

　　针对人物腮骨部位的线条不够流畅的问题，我们单击左侧工具栏中的"向前变形工具"，然后缩小画笔大小。对人物面部轮廓中线条不够平滑的位置进行轻微的液化处理，如图 1-33 所示。需要注意的是，在进行液化时，画笔的压力要适度，并且调整的幅度不要太大。通过这样的调整，人物的面部轮廓和五官的形状就能得到优化。最后，单击"确定"按钮返回即可，如图 1-34 所示。这样就完成了对该张照片的调整。

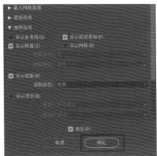

图 1-33　　　　　　　　　　　　　　　　　　图 1-34

　　需要注意的是，借助 ACR 只能对画面的整体影调、背景的虚实以及整体人物的表现力进行优化。然而，要使照片达到无可挑剔的效果，还需要使用各种不同的磨皮技术来对人物的面部进行更加精准的处理。

第 2 章　人像照片专业级精修技巧

人像是非常大的一个摄影题材，有室内、室外、商业及一般的室外小清新写真等多种不同的门类。

本章介绍的这个案例是一般的室外人像写真的后期调色思路与技巧，会涉及对人物部分的简单处理，对人物皮肤的磨皮，对影调的重塑和对环境的调色等全方位的知识。本章知识点比较多，能够满足一般摄影爱好者对于人像摄影后期修图的需求。

如果你想学习非常专业的商业人像后期处理，可以以本案例为基础，再进行后续的深度学习。本案例中介绍的双曲线磨皮，其实也是商业摄影中最为常用的磨皮方式。

下面来看具体案例。看图 2-1 这张照片，原片的主色调是一种青黄色调，人物部分比较暗，画面当中杂色比较多，比如说花朵的色彩、建筑的色彩等。那么经过后期协调，我们可以看到人物得到美化，一些干扰的杂色被渲染上了环境色，画面整体影调与色调都比较合理，并且对人物部分进行了磨皮和优化，人物皮肤也变得比较漂亮，如图 2-2 所示。

图 2-1

图 2-2

照片基本校正

下面来看具体的调整过程。首先将 RAW 格式文件拖入 Photoshop，在 ACR

中打开，此时可以看到打开的原文件，如图 2-3 所示。

图 2-3

　　首先切换到"光学"面板，勾选"删除色差"和"使用配置文件校正"复选框。放大照片，对比调整前后的效果可以看到，删除色差之后，人物边缘的一些彩边被很好地修掉了，如图 2-4 所示。

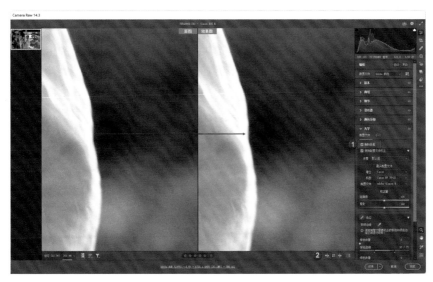

图 2-4

全局及局部的影调优化

接下来回到"基本"面板，在其中对照片的影调层次进行基本的调整，主要包括降低"高光"值追回亮部的细节；稍稍提高"曝光"值让画面更明亮一些；提亮阴影追回暗部的层次和细节；微调白色、黑色等参数；提高"清晰度"值和"纹理"值加强画面的质感。因为后续我们很多的调整都是要让画面变得更加柔和，所以在之前要稍稍增加一些清晰度和纹理，以避免后续照片变得过度柔和、不清晰，如图2-5所示。

图 2-5

照片初步调整完成之后，接下来我们观察照片发现人物部分亮度很低。在工具栏中选择"蒙版"，在面板中单击"选择主体"，如图2-6所示，这样可以将人物部分很好地选择出来。对于这个主体人物部分我们要进行提亮，因此提高"曝光"值，稍稍提高"阴影"值，为了避免暗部发灰稍稍降低"黑色"值，这样可以看到人物整体是变亮的，如图2-7所示。

图 2-6

图 2-7

此时人物的衣服部分亮度太高，所以我们在上方的面板中单击"减去"按
钮，如图 2-8 所示，在打开的菜单中选择"画笔"，然后在人物衣服的下半部分
进行涂抹，将这些部分的提亮效果去掉，如图 2-9 所示。

图 2-8　　　　　　　　　　　　　　　图 2-9

人物部分的瑕疵修复

调整完成之后单击"打开"按钮，将照片在 Photoshop 当中打开，准备进行
皮肤的精修。放大照片可以看到，人物面部有很多的污点和瑕疵。对于这种瑕疵
的修复，首先要按键盘上的"Ctrl+J"组合键复制一个图层，如图 2-10 所示。

图 2-10

接下来，在工具栏中使用"污点修复画笔工具"等去除掉人物面部的一些污点和瑕疵即可。对比去污点之前（如图 2-11 所示）和之后（如图 2-12 所示）的画面效果，可以看到人物面部明显变得干净了很多。

图 2-11　　　　　　　　　　　　　　　图 2-12

人物部分磨皮处理（双曲线磨皮）

修掉比较大而明显的瑕疵之后，接下来准备对人物皮肤进行磨皮处理。

所谓的人像磨皮，实际上就是一种明暗影调的重塑过程。比如说人物面部有一个疙瘩，那么疙瘩的受光面亮度肯定会非常高，背光面亮度非常低，我们借助于提亮或是压暗曲线将疙瘩的受光面压暗，将疙瘩的背光面提亮，这个疙瘩就会被弱化，其实这就是磨皮的原理。

为便于观察人物皮肤表面的明暗状态，我们可以先将色彩消掉。单击"调整"面板中的"黑白"按钮，创建一个黑白调整图层将照片变为黑白状态，如图 2-13 所示。当然，这个黑白图层只是一个观察层，我们只要把它隐藏，就不会影响修片效果。

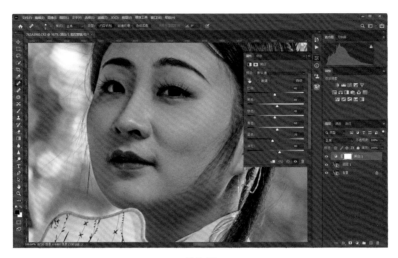

图 2-13

照片颜色变为黑白之后，当前的人物皮肤的明暗结构清楚了很多，但还不够明显，因此我们再单击"调整"面板中的"曲线"按钮，创建一个曲线调整图层，创建 S 形曲线，让人物面部的皮肤明暗关系更清晰，如图 2-14 所示。这个曲线调整图层也是一个观察层。

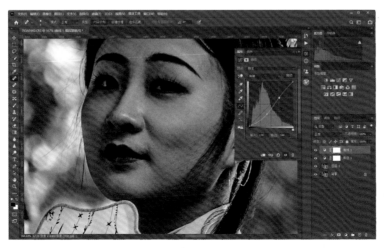

图 2-14

接下来我们就可以对照片进行双曲线磨皮了。所谓双曲线磨皮是指把人物皮肤过亮的位置利用压暗曲线压暗，把人物皮肤过暗的位置利用提亮曲线提亮，这样人物皮肤就会更加平滑、细腻。

首先我们创建一条提亮曲线，然后按键盘上的"Ctrl+I"组合键进行反向，将提亮效果隐藏起来，如图 2-15 所示；再创建一条压暗曲线，同样对蒙版进行反向，将调整效果隐藏起来，如图 2-16 所示。

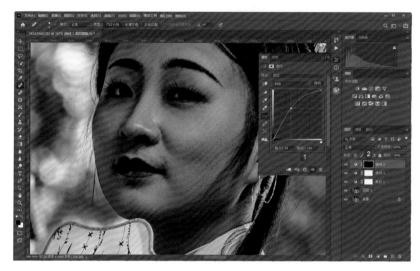

图 2-15

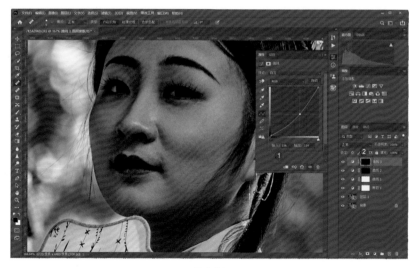

图 2-16

　　之后再对这两个曲线调整图层进行重命名，一个命名为"提亮"，一个命名为"压暗"，便于我们快速找到对应的曲线，如图 2-17 所示。

图 2-17

　　首先单击选中"提亮"调整图层的蒙版，然后在工具栏中选择"画笔工具"，前景色设为白色，将画笔的"不透明度"设定为 12%，"流量"设定为 20%，这也是我比较喜欢使用的画笔参数。缩小画笔直径，在图中标识出的人物面部比较暗的位置轻轻地涂抹，把这些位置进行提亮，如图 2-18 所示。

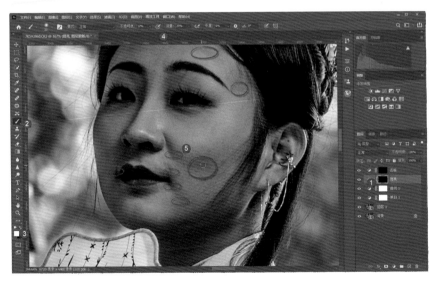

图 2-18

提亮完成之后，先隐藏"提亮"曲线，如图 2-19 所示，然后再显示出"提亮"曲线，如图 2-20 所示，对比提亮前后的画面效果，可以看到人物面部的一些暗处被提亮了。

图 2-19

图 2-20

接下来单击选中"压暗"调整曲线的蒙版，然后在工具栏中选择"画笔工具"，画笔保持之前的设定，然后对图中标识出的一些比较亮的位置进行涂抹，还原出这些位置的压暗效果，如图 2-21 所示。

图 2-21

　　对画面当中人物面部进行双曲线磨皮时，如果发现一些比较明显的、无法利用双曲线修掉的瑕疵，可以再次单击下方的像素图层，也就是修掉瑕疵的这个图层，选择"污点修复画笔工具"将瑕疵去除掉，如图 2-22 所示。之后再次单击选中"压暗"蒙版，然后用画笔进行涂抹。

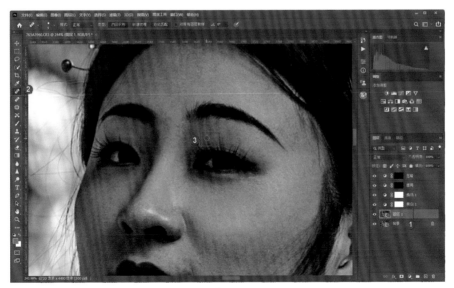

图 2-22

完成双曲线磨皮之后，我们可以对比一下调整之前（如图 2-23 所示）和调整之后（如图 2-24 所示）的画面效果。可以看到调整之前面部有一些结构性的问题，明暗凹凸不平，调整之后虽然人物的肤色依然不够完美，但是不再存在结构性问题，明暗更加均匀。

图 2-23

图 2-24

至于人物肤质依然不够完美的问题，我们后续会使用第三方滤镜进行快速磨皮，补充和优化之前双曲线磨皮的效果，最终一步到位解决问题。至此，磨皮的第一个环节结束。

强化眼神光

隐藏曲线和黑白这两个观察图层，将照片变回彩色状态。接下来，强化一下人物的眼神光，单击选中"提亮"调整图层的蒙版，选择"画笔工具"，适当提高"不透明度"和"流量"，在人物眼睛当中进行涂抹，让人物的眼神光更明显一些，如图 2-25 所示。

背景部分的优化

人物周边的环境部分灰蒙蒙的，色彩也不够纯净，同样需要进行调色。调整环境时我们可以先在"图层"面板中单击选中某一个像素图层，然后单击"选择"菜单，再选择"主体"，将人物选择出来，如图 2-26 所示。

图 2-25

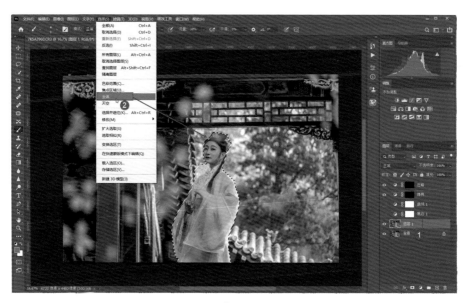

图 2-26

然后再进行反选，选中环境，如图 2-27 所示。

可以通过菜单实现反选，也可以直接按键盘上的"Ctrl+Shift+I"组合键进行反选。这样我们就选中了人物之外的环境。

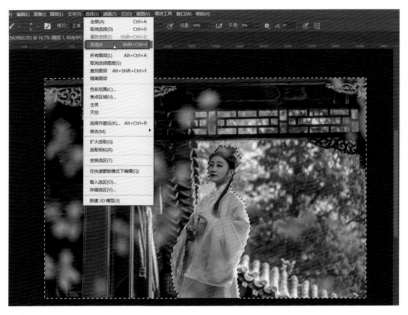

图 2-27

　　单击"调整"面板中的"可选颜色"按钮，创建可选颜色调整图层，设定中性色，然后稍稍提高"青色"值，让背景中间一些发灰的区域渲染上一些青绿主色调的色彩；对于人物头发不够黑的问题，我们可以稍稍提高"黑色"值，让人物的头发等位置变得更黑一些，如图 2-28 所示。

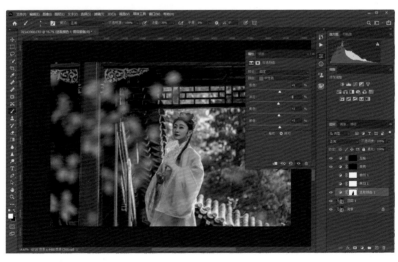

图 2-28

切换到黄色，提高"青色"值，让环境当中的植物部分色彩更协调。为了避免整个环境过于偏绿，我们可以稍稍提高"洋红"值，相当于降低"绿色"值，如图 2-29 所示。

对于黄色部分，同样稍稍提高"黑色"值，让色调更沉稳一些。经过这样的调整，我们会发现整个环境部分更协调、更干净了。

图 2-29

接下来，我们解决照片当中一些杂色的问题。比如说走廊上蓝色比较重，青色的饱和度也比较高，因此我们可以右键单击可选颜色这个调整图层的蒙版，在打开的快捷菜单中选择"添加蒙版到选区"，也就是将蒙版转为选区（直接按住键盘上的"Ctrl"键同时单击这个蒙版图标，同样可以将蒙版载入选区），如图 2-30 所示。

之后单击"调整"面板中的"色相 / 饱和度"按钮，创建"色相 / 饱和度"调整图层，选择"蓝色"，降低蓝色的"饱和度"值，并且将蓝色的"色相"滑块向左拖动一些，让蓝色趋向于青色。可以看到走廊中蓝色过重的部分得到减轻，并且与周边其他的色彩变得协调起来，如图 2-31 所示。

图 2-30

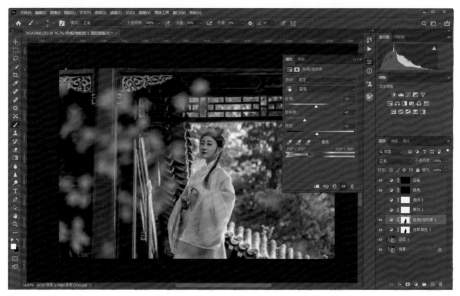

图 2-31

　　对于画面中黄色与青色不够协调的问题，我们可以选择"黄色"，稍稍降低黄色的"饱和度"值，降低黄色的"明度"值，让这些区域与周边的色彩更相近，让整个环境更干净一些，如图 2-32 所示。

图 2-32

　　选择"全图",降低全图的"饱和度"值,让环境的色感变弱一些,避免干扰到人物的表现力;稍稍降低全图环境的"明度"值,继续弱化环境的效果,如图 2-33 所示。

　　这样,我们就得到了色调干净、统一的效果。

图 2-33

对于背景当中亮度比较高的位置，我们可以单击"调整"面板中的"曲线"按钮，创建一个曲线调整图层进行压暗，然后按键盘上的"Ctrl+I"组合键进行反向，如图2-34所示。

图 2-34

用"画笔工具"在这些过亮的位置上进行涂抹来压暗，让背景更干净一些，如图2-35所示。

图 2-35

　　此时画面整体有点沉闷，我们单击"调整"面板中的"曲线"按钮，创建一个曲线调整图层，稍稍向上拖动曲线让画面更加明亮一些，如图 2-36 所示。这样我们对照片影调及色彩的调整基本上就完成了。

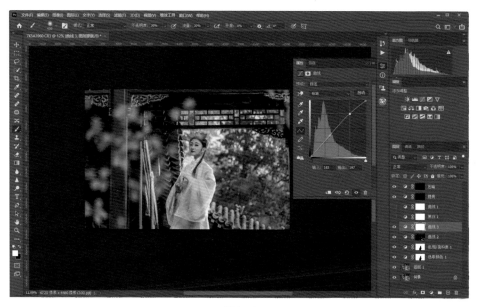

图 2-36

　　在实际的调整过程当中，每个人的调整思路和操作习惯不同，审美也有差别，具体的调整可能千差万别，但只要我们记住大的思路是让人物更漂亮，让环境干净、协调就可以了。

人物五官重新塑形

　　单击最上方的曲线调整图层，如图 2-37 所示，然后再盖印图层，如图 2-38 所示，准备对照片进行第三方的磨皮以及液化等处理。

　　单击打开"滤镜"菜单，再选择"液化"，如图 2-39 所示。

| 图 2-37 | 图 2-38 | 图 2-39 |

进入液化界面，在其中对人物五官进行液化和重塑，包括眼睛大小、眼睛距离、鼻子宽度、前额、下颌、脸部宽度等进行调整，如图 2-40 所示。

图 2-40

调整完毕之后，对于人物面部有一些线条依然不够理想的问题，单击选择界面左上角的"向前变形工具"，调整合适的画笔大小，对这些位置进行涂抹，如

图 2-41 所示。

　　另外，对头发上的一些饰品，可以稍稍向外拖动一些，让这些区域的线条显得更加流畅和饱满；对于人物面部线条有一些弯曲的问题，可以稍稍向内收缩；对于肩部，同样稍稍向内收缩，让肩部线条更流畅；调整完成之后单击"确定"按钮，这样我们就完成了对人物面部五官以及肢体的一些重塑，可以看到人物整体变得更秀气。

图 2-41

Portraiture 磨皮，提升整体协调性

　　接下来我们再次按"Ctrl+J"组合键复制一个图层出来，如图 2-42 所示，准备对人物进行第三方的磨皮。之前的磨皮只是一个结构性的调整，解决了人物面部凹凸不平的问题。

　　接下来我们单击打开"滤镜"菜单，再选择"Portraiture"这个第三方磨皮滤镜，如图 2-43 所示。

图 2-42

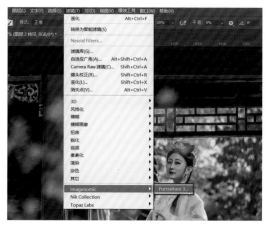

图 2-43

进入 Portraiture 滤镜界面之后，各种参数保持默认，直接单击"确定"按钮，如图 2-44 所示，完成磨皮，回到 Photoshop 主界面。

图 2-44

当前的磨皮针对的是全图，而我们想要磨皮的只是人物的皮肤部分。放大照片，可以看到人物的皮肤部分效果变得非常理想，如图 2-45 所示，因为我们先优化了结构，再进行细微的磨皮之后，人物肤色就会白皙，肤质就会光滑。

如果没有之前的双曲线磨皮优化结构，直接进行插件磨皮，虽然皮肤看起来比较光滑，但是面部依然存在凹凸不平的结构性问题。

　　接下来按住键盘上的"Alt"键，单击创建图层蒙版，为上方的磨皮图层创建一个黑蒙版，将磨皮效果遮挡起来，如图 2-46 所示。

图 2-45　　　　　　　　　　　　　　　　　图 2-46

　　在工具栏中选择"画笔工具"，前景色设为白色，"不透明度"和"流量"设为 100%，将人物面部皮肤部分涂抹出来，也就是涂抹出了这些区域的磨皮效果，将手部的磨皮效果也涂抹出来。

　　如果要观察我们涂抹的区域，按住键盘上的"Alt+Shift"组合键并单击蒙版图标，就可以显示出我们涂抹的区域。红色就是我们未涂抹的区域，如图 2-47 所示。

图 2-47

查漏补缺，并输出照片

最后再次盖印一个图层，如图 2-48 所示。

利用"污点修复画笔工具"去除掉背景当中墙上的一个花枝，因为它有一些分散我们的注意力，至此这张照片处理完成，如图 2-49 所示。

图 2-48

图 2-49

可以看到，实际上人像写真照片的后期与其他题材的后期处理思路并没有本质不同，都是要重塑光影，调整色彩，优化细节；但是人像写真对于人物皮肤、五官的要求非常高，需要进行单独的精修；此外人像照片的后期调整要求比较精致，是一种非常准确、精致的后期；自然风光等题材的后期，虽然对我们的审美和创意要求比较高，但是整个的处理过程是一种粗线条的，反而要求没有那么精致。

第 3 章　风光照片后期的一般技巧

本章将通过一张风光照片的后期处理过程，来分析风光摄影后期处理的思路与技巧。

本章使用的照片有一定代表性，大多数情况下我们拍摄自然风光，往往要等到黄金时间进行拍摄，并且很多场景的通透度有所欠缺。

这张照片中，因为现场有云雾，可以看到原片的通透度是有所欠缺的，如图 3-1 所示；并且现场的明暗反差比较高，后续也要进行高光压暗和暗部提亮，从而追回细节。经过后期处理，我们就得到了一幅细节完整、色彩纯净、影调丰富的风光摄影作品，如图 3-2 所示。

图 3-1

图 3-2

借助 ACR 对原片进行基本优化

下面看具体的调色和完整的修片过程。首先将拍摄的 RAW 格式原文件拖入 Photoshop，会自动载入 ACR 当中，在 ACR 中可以看到打开的原始文件，如图 3-3 所示。

对于这种逆光，并且是用广角镜头拍摄的大场景照片，一般来说要先进行镜头校正，修复照片四周的暗角以及明暗高反差边缘的彩边。切换到"光学"面板，勾选"删除色差"和"使用配置文件校正"这两个复选框，如图3-4所示。对于本照片来说，没有必要校正"扭曲度"和"晕影"，因为此时画面四周与中间的明暗差距不是太大，效果还是比较理想的。对于这种自然风光类题材，几何畸变的影响不是特别明显，所以没有必要调整校正量。

图 3-3

图 3-4

　　镜头调整完成之后，回到"基本"面板，直接单击"自动"按钮，如图3-5所示，这样会由软件自动对画面进行影调层次的优化。一般来说，软件会压暗高光，提亮阴影，从而追回高光和暗部的层次细节，此时可以看到画面效果好了很多，但依然不够好。

图 3-5

我们手动调整各种影调以及清晰度等参数：进一步提高"对比度"值，从而丰富画面的影调层次；降低"高光"值，继续追回高光的层次和细节；提高"阴影"值，追回暗部的层次和细节；稍稍提高"清晰度"值，让画面更具质感，如图 3-6 所示。

图 3-6

确定照片基调，并调整局部

影调初步调整完成之后，接下来我们进行色彩基调的确定。对于这张照片来说，其实我们有两种处理方案，一种是降低"色温"值，打造一种冷暖对比的画面效果，如图 3-7 所示。

图 3-7

还有一种方案是提高"色温"值，打造一幅暖调的同类色系作品。最终，我选择了将照片打造为一种单色系的效果。直接提高"色温"与"色调"值将照片变为一种暖色调的效果，如图 3-8 所示。

图 3-8

　　确定照片基调之后，接下来准备对画面局部的一些影调进行微调。这张照片中，天空太阳光源的上方亮度非常高，是有问题的，因此单击选择蒙版按钮，在弹出的快捷菜单中选择"线性渐变"，如图3-9所示，由天空上方向下拖动制作渐变，如图3-10所示，降低"曝光"值，稍稍降低"黑色"值，让压暗的影调效果更自然一些。

　　由于压暗之后的画面色感比较弱，因此我们还要稍稍降低"色温"值，提高"色调"值，让天空上半部分色彩显得更真实、自然。

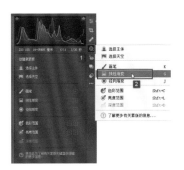

图 3-9

图 3-10

　　接下来对照片的整体进行调色。在 ACR 中对照片调色，主要的工具是混色器，单击展开"混色器"面板，切换到"色相"选项卡，在其中向左拖动"黄色"滑块，原本有些偏黄绿色的一些高光位置的色彩就会变得与周边更协调统一，如图3-11所示。

　　对于自然风光照片来说，往往要将"紫色"滑块向左拖动，向蓝色方向偏移一些，这样画面整体会更纯净和通透，显得更干净。

　　这样，我们在 ACR 中的影调优化及调色初步完成，单击"打开"按钮，将照片在 Photoshop 当中打开。

图 3-11

重塑画面光影

此时分析照片，我们根据光线投射的规律，可以确定这样一种思路：太阳直接照射的中间部分亮度应该是非常高的；两侧实际上是有一些背光的，但当前两侧云海部分亮度依然比较高，因此要稍稍降低亮度，如图 3-12 所示。

图 3-12

首先在"图层"面板底部单击"创建新的填充或调整图层"按钮，在打开的菜单中选择"曲线"可以创建曲线调整图层并打开曲线"属性"面板，在其中单击曲线右上角的锚点并按住鼠标向下拖动压暗高光，在曲线中间单击创建锚点并向下拖动，可以让压暗后的照片影调稍稍自然一些，如图 3-13 所示。

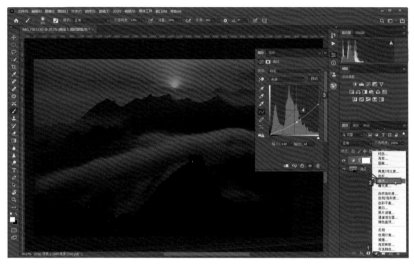

图 3-13

而我们要压暗的只是画面两侧的云海，因此按键盘上的"Ctrl+I"组合键对蒙版进行反向，隐藏压暗效果，在工具栏中选择"画笔工具"，设定前景色为白色，设定柔性画笔，降低"不透明度"到 12% 左右，降低"流量"到 20% 左右，缩小画笔直径，在要压暗的位置拖动涂抹，就还原出了之前我们压暗的效果，如图 3-14 所示。

把两侧的云海压暗之后，接下来我们还要提亮中间受太阳光直射的云海，因此单击"调整"面板中的"曲线"按钮，创建曲线调整图层，向上拖动曲线进行提亮，如图 3-15 所示，中间受光线照射的部分应该是暖色调的，因为此时的太阳光线比较暖，所以我们向上拖动红色曲线增加红色，向下拖动蓝色曲线相当于增加黄色，那么就相当于在提亮的同时还为画面渲染了橙色的色调，可以看到此时的画面效果整体变亮、变橙色。

我们想要的只是中间受太阳直射的部分得到提亮、变橙色的效果，因此按键盘上的"Ctrl+I"组合键对蒙版进行反向，然后再次使用白色画笔在云海中间受太阳光直射的部分进行涂抹，还原出这部分的提亮效果，如图 3-16 所示，这样我们就根据太阳照射的自然规律对画面的光影进行了重塑。

图 3-14

图 3-15

图 3-16

主体的强化处理

实际上对于本照片来说，还有一个问题，即长城是要表现的主体，因此我们要对长城进行一定的强化。当前，远景的长城淹没在了炫光当中，如图 3-17 所示，比较暗，因此我们需要进行提亮；近景当中的长城敌楼，应该注意两个面的问题，正对着相机的一面是完全的背光面，亮度不宜高，左侧面实际上会受一定的光线影响，亮度应该稍稍高一点，这样有助于让近处比较大的这个敌楼呈现出更好的立体效果。

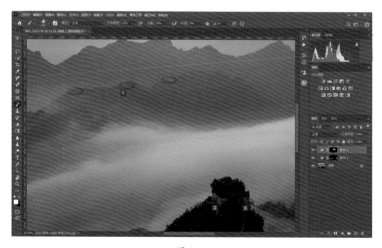

图 3-17

因此我们单击"调整"面板中的"曲线"按钮，创建曲线调整图层，向上拖动曲线，如图 3-18 所示，然后在暗部向下拖动恢复一些，这样画面反差会更明显。

图 3-18

但我们要强化的只是长城部分，因此按键盘上的"Ctrl+I"组合键将整个调整效果隐藏起来，然后在工具栏中选择"画笔工具"，将"不透明度"和"流量"调到 50% 左右，缩小画笔直径在远处的长城上进行涂抹，还原出远处长城的亮度，如图 3-19 所示。

图 3-19

如果涂抹得不够精确导致长城之外的区域变亮，那这时我们可以在工具栏中将前景色改为黑色（在英文输入法状态下直接按键盘上的"X"键，或者单击前景色有背景色右上角的双向箭头就可以交换前景色和背景色），然后在过多涂抹进来的位置上进行涂抹，遮挡住这些位置就可以了，如图 3-20 所示。

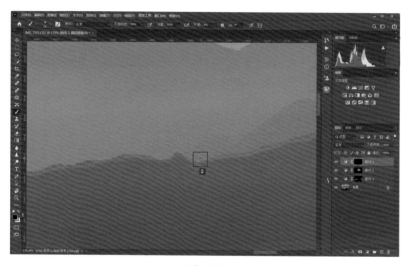

图 3-20

之后再将前景色变为白色，稍稍放大画笔直径，在近处的敌楼左侧面进行涂抹，还原出提亮效果，即将这个敌楼的侧面稍稍提亮一些，如图 3-21 所示。

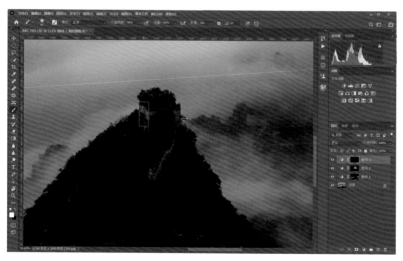

图 3-21

如果感觉当前的调整效果不够明显，我们还可以在"图层"面板中双击曲线调整图标，展开曲线"属性"面板，单击曲线上向上拖动的锚点并按住鼠标再次向上拖动，将提亮的效果变得更明显一些，如图 3-22 所示。

图 3-22

查漏补缺，提升照片表现力

之后再次观察照片，我们会发现画面当中左上角天边的一片云雾亮度非常高，比较干扰视线，因此我们单击"调整"面板中的"曲线"按钮，创建曲线调整图层，向下拖动曲线进行压暗。对于色感比较弱的问题，我们可以稍稍向上拖动红色曲线，向下拖动蓝色曲线，如图 3-23 所示，为这个区域渲染一点偏橙的色调。

当前的调色效果针对的是整个画面，而我们想要调整的只是左上角的部分，因此按键盘上的"Ctrl+I"组合键对蒙版进行反向，隐藏调整效果。然后在工具栏中选择"画笔工具"，前景色设为白色，将"不透明度"调为 12%，"流量"调为 20%，即我们之前设定过的参数，缩小画笔直径，在左侧想要压暗的位置进行涂抹，这样我们就完成了这张照片影调的重塑，如图 3-24 所示。

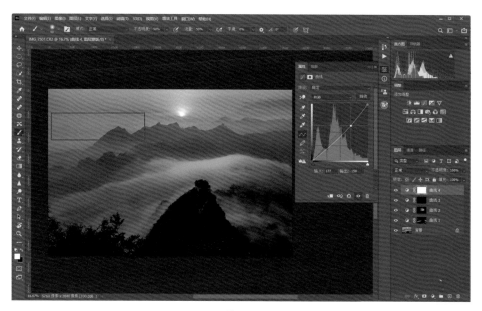

图 3-23

图 3-24

回顾之前的过程，我们压暗了两侧的云海，提亮了中间云海。这样，大的影调得以重塑，画面的光影更有规律，画面就会显得更干净，更高级。对于照片当中作为主体的长城单独进行了强化，对于四周一些亮度比较高的位置也单独进行了压暗处理，此时画面效果虽然没有达到最优，但效果已经好了很多，是比较耐看的。

　　为了确保画面有更好的通透性，创建一条 S 形曲线，可以看到此时的画面更加通透，如图 3-25 所示。

图 3-25

　　至此，照片已经基本处理完成。

　　为了追求更完美的效果，此时我们可以按键盘上的"Ctrl+Alt+Shift+E"组合键，盖印一个图层出来，如图 3-26 所示，将之前所有的影调以及色彩调整效果压缩起来，折叠为一个像素图层。

　　按键盘上的"Ctrl+Shift+A"组合键进入 ACR，在"混色器"面板中切换到"色相"选项卡，在其中再次稍稍向左拖动"黄色""红色""橙色"滑块，让画面整体的色调更偏橙色一些，如图 3-27 所示，因为之前的色调还是稍稍有些偏黄。

图 3-26

图 3-27

对于照片中间亮度依然有所欠缺的问题，我们可以再次创建一个径向渐变，在中间位置拖动出椭圆形的效果，模仿光照的区域，然后提高"曝光"值，提高"阴影"值，稍稍降低一点"黑色"值让影调层次更理想一些，提高"色温"值，提高"色调"值让太阳光照的效果既明亮又有色彩，如图 3-28 所示。

图 3-28

这样我们就完成了这张照片所有的影调与色彩处理。

优化照片画质并输出

之后，在 ACR 中单击展开"细节"面板，适当提高"锐化"值，对全图进行锐化，提高"减少杂色"值，对画面进行一定的降噪，如图 3-29 所示。一般来说"减少杂色"值不宜超过 30，"锐化"值也不宜太大，否则会出现画面失真的问题。

图 3-29

之前我们已经讲过，照片中大片的平面区域是没有必要进行锐化的，只要锐化画面当中一些景物的边缘轮廓，就会让画面整体显得非常清晰。这些我们可以通过蒙版来进行限定，提高"蒙版"值即可。如果要观察限定的区域，按住键盘上的"Alt"键，拖动"蒙版"滑块就可以看到锐化的区域。可以看到，限定的只是山体边的一些线条、树木的边缘等，对于大片的天空、云雾等则不进行锐化，如图 3-30 所示。调整完毕之后单击"确定"按钮返回 Photoshop，这样我们就完成了这张照片的后续处理。

实际上，在本例中，我们应用到了曲线调色功能，应用到了黑白蒙版，还验证了我们之前讲过的一个知识点：在盖印图层之前，一定要将照片整体的影调以及色彩都调整到位，尽量晚创建盖印图层。这样，如果后续我们发现图片有问题，只要删掉盖印图层就随时可以对之前的调整内容进行修改；如果盖印图层过早，后续进行了大量调整，一旦后续要进行修改，需要删掉盖印图层，那么盖印图层之后进行的大量调整都会丢失，这样就失去了盖印图层的意义。

图 3-30

　　可以看到，在 Photoshop 中打开背景图层之后，之前连续 5 个调整图层均是对照片的明暗以及色彩进行调整，要进行最终的协调以及细节优化时才盖印图层，最终盖印的图层也是最上方的图层，即便删掉，也不会产生太大的损失，因为我们之前的影调与色彩都已经完全确定好了。

　　此时，如果我们不输出照片进行网上分享，可以直接按"Ctrl+S"组合键将整个处理过程保存为 psd 格式。psd 格式不便于网上的分享和浏览，兼容性比较差，但这种格式保留了我们处理的所有过程。

　　如果我们要将照片上传到网络或是手机，需要将照片存储为 JPEG 格式。这时我们在某个图层的空白处单击鼠标右键，在弹出的快捷菜单中选择"拼合图像"，如图 3-31 所示，可以将所有图层拼合起来。

　　单击"编辑"菜单，选择"转换为配置文件"命令，在打开的"转换为配置文件"对话框中，将"配置

图 3-31

文件"设定为 sRGB，然后单击"确定"按钮，如图 3-32 所示。

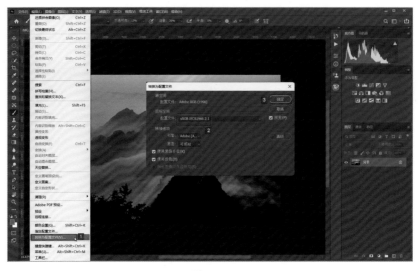

图 3-32

再借助于"存储为"命令将照片保存为 JPEG 格式就可以了，如图 3-33
所示。

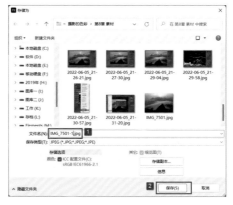

图 3-33

这里要注意，之所以要将配置文件设定为 sRGB 格式，是为了确保我们处理
后的照片在电脑、手机以及平板等其他设备上都有一致的色彩。如果将配置文件
设定为另外一种常用的格式 Adobe RGB，那么有可能在电脑显示器上是一种显示
色彩，在手机上又是另外一种色彩，出现不一致的情况。

第 4 章　提升风光照片艺术表现力

本章我们将学习如何打造艺术氛围，让平凡的风光照片变得有趣，有深度。调整前后的效果对比如图 4-1 和图 4-2 所示。

图 4-1

图 4-2

对照片整体及局部进行协调处理

将照片导入到 Photoshop 中，如图 4-3 所示。

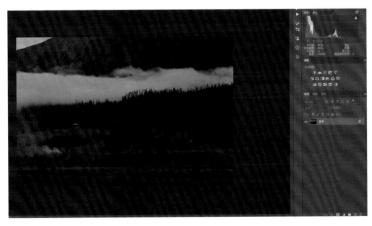

图 4-3

首先，我们可以提高曝光度，以增强照片的整体曝光效果。在"调整"面板中，单击"曝光度"按钮，在"属性"面板中，提高"曝光度"值，提高"灰度系数校正"值，如图 4-4 所示。

图 4-4

如果我们不希望前景受到影响，可以采用线性渐变的方式。适当调整，令透明度为 100%，这样会显得比较自然。然后再进行微调，这样我们就只调整了远景的色调，特别是远景的蓝色部分。

在完成曝光度的调节之后，我们将转向对照片颜色的调整。注意到山景的总体色调略显蓝色，所以我们需要对色彩平衡进行细致调整。具体来说，在"调整"面板中，单击"色彩平衡"按钮，在"属性"面板中，对中间调进行调整，增加红色，增加洋红，增加黄色，如图 4-5 所示。完成中间色调的调整之后，你会发现照片前景的色彩也相应地发生了变化。

图 4-5

如果我们不想改变前景的色彩，我们可以通过使用线性渐变进行调整。首先，在左侧的工具栏中选取"渐变工具"，然后选择黑色作为前景色，并设定渐变类型为"线性渐变"，同时设置"不透明度"为100%。接着，从照片的底部向上方拖曳渐变工具，创建一个从黑色逐渐淡化的渐变效果，如图 4-6 所示。这样，我们就仅对照片的远景进行了调整，特别是远景的蓝色部分。

图 4-6

在图片的中部区域，有一部分色彩偏蓝。将前景色选择为白色，选择"对称渐变"，降低"不透明度"，对这部分区域进行操作，以减少蓝色的影响。操作完成后，我们需要进行羽化处理。双击"色彩平衡 1"图层的蒙版，在"属性"面板中，调整"羽化"值，如图 4-7 所示。

完成羽化后，你会发现整个画面的色彩并未得到充分突显。这时我们可以考虑使用色相 / 饱和度工具来提升色彩的鲜明度。在"调整"面板中，单击"色相 / 饱和度"按钮，对黄色进行调整，提高黄色的"饱和度"和"明度"值，如图 4-8 所示；对红色进行调整，提高红色的"饱和度"和"明度"值，如图 4-9 所示。

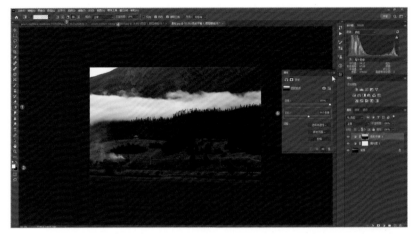

图 4-7

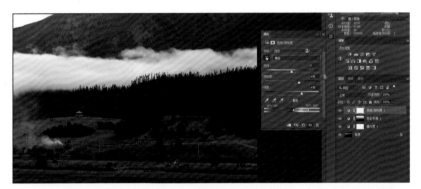

图 4-8

图 4-9

突出画面主体对象

尽管我们已经提升了色相饱和度，但画面的主体依然不足够突出。我们可以使用"套索工具"选中前景中作为视觉中心的这些动物的区域，如图 4-10 所示。

图 4-10

在"调整"面板中，单击"曲线"按钮，创建一个曲线调整图层，向上提升曲线，如图 4-11 所示。这样操作相当于我们创建了一个局域光的效果。

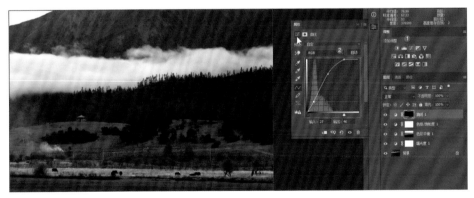

图 4-11

单击"蒙版"按钮，调整"羽化"值，如图 4-12 所示。经过简单的羽化处理后，前景已经形成了一个明显的视觉焦点。我们可以利用这个焦点，通过视觉引导的方式，引导观者的视线从这个焦点自然地延展到画面的远处。

图 4-12

　　针对照片中间偏灰的部分，我们可以通过曲线工具来控制整体的光影效果。创建一个曲线，提升曲线，增加整幅画面的亮度，如图 4-13 所示。

图 4-13

　　如果感觉颜色饱和度不够，可以尝试加强颜色的饱和度，或者对某些特定颜色进行调整。例如，可以通过选择控制黄色的色相，提高黄色的"饱和度"和"明度"值，让整个画面显得更暖一些，如图 4-14 所示。

图 4-14

在"调整"面板中，单击"可选颜色"按钮，对黄色进行调整，降低"青色"值，提高"黄色"值，降低"黑色"值，如图 4-15 所示。

图 4-15

修复照片中的瑕疵

针对天空这部分，可以使用蒙版工具来进行选择和调整。在"调整"面板中，单击"曲线"面板，创建一个新的曲线调整图层，单击"蒙版"按钮，单击"颜色范围"按钮，如图 4-16 所示。

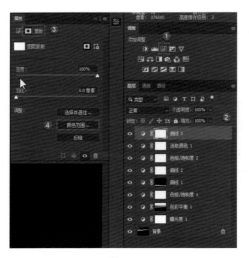

图 4-16

在弹出的"色彩范围"对话框中，选择吸管工具，吸取天空的颜色，如图4-17所示，单击"确定"按钮即可。

图 4-17

如果选择范围包括了云朵等不需要调整的区域，可以使用套索工具或其他选择工具，将这些区域从蒙版中减去。选择"套索工具"，将白云的区域大致选中，如图4-18所示。

图 4-18

单击"编辑"菜单，选择"填充"，如图 4-19 所示。

在弹出的"填充"的对话框中，内容选择"黑色"，如图 4-20 所示，选择完毕之后单击"确定"按钮即可，调整之后的效果图如图 4-21 所示。

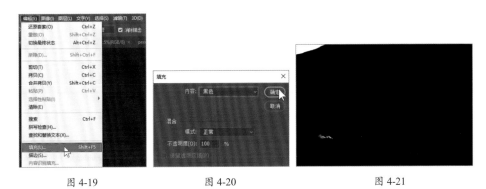

图 4-19　　　　　　　　　图 4-20　　　　　　　　　图 4-21

然后，使用黑色画笔在图层蒙版上涂抹，去除剩余的不需要调整的区域。选择"画笔工具"，前景色选择黑色，调整画笔的大小，对天空以外的白色部分进行涂抹，如图 4-22 所示。

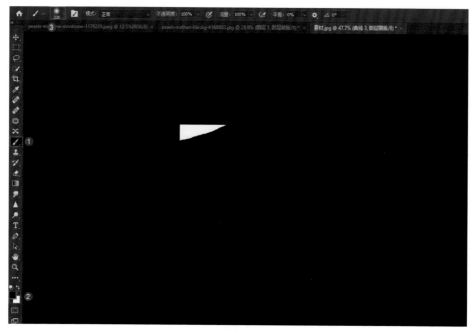

图 4-22

　　这样，我们就只选中了天空部分，可以对其进行独立的调整。为了让天空增加一些颜色，可以创建曲线调整图层，对红色进行调整，降低高光区域的曲线，如图 4-23 所示。

图 4-23

对绿色进行调整，降低高光区域的曲线，以进一步平衡颜色，如图 4-24 所示。以上操作会使得天空呈现出一种青色调，使其不再过于单调。

图 4-24

盖印一个图层，如图 4-25 所示。

图 4-25

模糊处理，让画面更干净

为了让画面整体更柔和一些，单击"滤镜"菜单，选择"模糊"—"高斯模糊"，如图 4-26 所示。

在弹出的"高斯模糊"的对话框中，提高"半径"值，如图 4-27 所示，调整完毕之后单击"确定"按钮即可。

图 4-26   图 4-27

选中"图层 1"，将"图层 1"的混合模式选择为"滤色"，图层的填充调整为 50% 左右。单击"添加蒙版"按钮，为"图层 1"添加一个蒙版，双击该蒙版缩览图，在蒙版的"属性"面板中，单击"反相"按钮，如图 4-28 所示。

图 4-28

选择"渐变工具"，前景色选择白色，选择"对称渐变"，降低"不透明度"，拉动对称效果，使前景看起来更柔和，如图 4-29 所示。

图 4-29

最后，拼合图像，将照片进行保存即可。

第 5 章　打造具有电影感的城市风光照片

在本章中，我们将探索如何创作具有电影感的城市风光照片。城市是一个充满活力和变化的地方，它的景象和氛围常常会让人联想到电影中的场景。通过本章，我们将了解到如何将其转化为具有电影感的艺术作品。调整前后的对比如图5-1和图5-2所示。

图 5-1

图 5-2

首先，将照片导入 Photoshop 中，如图 5-3 所示。

图 5-3

调整阴影与高光，追回更多层次

单击"图像"菜单，选择"调整"—"阴影 / 高光"，如图 5-4 所示。

在"阴影 / 高光"的对话框中，对"阴影""高光"及"中间调"等参数进行调整，如图 5-5 所示。这样可以追回更多亮部和暗部的层次细节。

 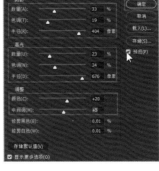

图 5-4   图 5-5

协调并优化画面色彩

当前的照片画面，色彩比较平淡，缺乏表现力，因此我们可以对画面色彩进行协调和优化，提升画面的色彩表现力。

在"调整"面板中，单击"色彩平衡"按钮，对中间调进行调整，增加红色，增加洋红，增加黄色，如图 5-6 所示。

图 5-6

对"高光"进行调整，增加红色，增加洋红，增加黄色，如图5-7所示。

图 5-7

对"阴影"进行调整，增加青色，增加绿色，增加蓝色，如图5-8所示。

图 5-8

在"调整"面板中，单击"可选颜色"按钮，对红色进行调整，降低"青色"值，提高"洋红"值，降低"黑色"值，如图5-9所示。

对黄色进行调整，降低"青色"值，提高"洋红"值，降低"黄色"值，降低"黑色"值，如图 5-10 所示。

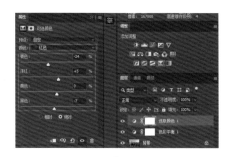

图 5-9　　　　　　　　　　　　　　　　图 5-10

对绿色进行调整，降低"青色"值，提高"洋红"值，提高"黄色"值，提高"黑色"值，如图 5-11 所示。

对青色进行调整，提高"青色"值，降低"洋红"值，降低"黄色"值，提高"黑色"值，如图 5-12 所示。

对蓝色进行调整，提高"青色"值，降低"洋红"值，提高"黑色"值，如图 5-13 所示。

图 5-11　　　　　　图 5-12　　　　　　图 5-13

对洋红进行调整，提高"青色"值，降低"洋红"值，提高"黄色"值，降低"黑色"值，如图 5-14 所示。

对白色进行调整，降低"青色"值，降低"洋红"值，提高"黄色"值，提高"黑色"值，如图 5-15 所示。

对中性色进行调整，提高"青色"值，降低"洋红"值，降低"黄色"值，提高"黑色"值，如图 5-16 所示。

对黑色进行调整，提高"青色"值，提高"洋红"值，降低"黄色"值，如

图 5-17 所示，观察调整之后的效果。

图 5-14　　　　　　　　图 5-15　　　　　　　　图 5-16

图 5-17

　　在"调整"面板中，单击"曲线"按钮，然后在"属性"面板中对曲线进行调整，如图 5-18 所示。

图 5-18

通过 3DLUT 文件渲染电影感

在"调整"面板中，单击"颜色查找"按钮，在"3DLUT 文件"的下拉列表中，选择"Fuji ETERNA 250D Kodak 2395(by Adobe).cube"，如图 5-19 所示。

图 5-19

对 3DLUT 调色后的画面进行优化

在"调整"面板中，单击"照片滤镜"按钮，单击"颜色"按钮，选取颜色较浅的黄色，选取好之后单击"确定"按钮即可，"密度"设置在 30% 左右，如图 5-20 所示。

图 5-20

单击"色相/饱和度"按钮，对青色进行调整，提高青色的"饱和度"值，降低"明度"值，如图 5-21 所示。

图 5-21

对红色进行调整，降低红色的"饱和度"值，降低红色的"明度"值，如图 5-22 所示。

图 5-22

单击"色阶"按钮，对色阶进行调整，如图 5-23 所示，改变图像的对比度和色彩分布，增强细节，以达到预期的效果。

图 5-23

导出颜色查找表，并输出照片

单击"文件"菜单，选择"导出"—"颜色查找表"，如图 5-24 所示。在 Photoshop 中，可以通过导出颜色查找表来将调整效果应用于其他图像中，以便实现一致的颜色表现。

图 5-24

颜色查找表通常被用于视频后期制作、数字影像处理、游戏设计等领域。例如，在视频后期制作中，可以使用颜色查找表来对整个镜头或片段进行色彩校正和调整，使其看起来更加统一和美观。

在弹出的"导出颜色查找表"对话框中，可以对"格式"及"品质"等属性进行调整，调整完毕之后单击"确定"按钮即可，如图 5-25 所示。

图 5-25

此时，会弹出保存文件的对话框，我们可以对文件进行命名，命名完毕之后单击"保存"按钮即可，如图 5-26 所示。

图 5-26

选择"裁剪工具"，对照片进行二次构图，如图 5-27 所示。

图 5-27

最后，对照片进行锐化处理。单击"滤镜"菜单，选择"锐化"—"USM
锐化"，如图 5-28 所示。

在弹出的"USM 锐化"对话框中，调整锐化的"数量""半径"以及"阈
值"，如图 5-29 所示，调整完毕之后单击"确定"按钮即可。最后，将图层进行
合并，将照片进行保存。

图 5-28

图 5-29

使用导出的颜色查找表

接下来，利用我们导出的颜色查找表对另一张城市的照片进行处理。首先，将照片导入 Photoshop 中，如图 5-30 所示。

图 5-30

在"调整"面板中，单击"颜色查找"按钮，在"3DLUT 文件"中选择我们导出的颜色查找表，如图 5-31 所示，对照片进行快速的调整。最后，对照片进行保存即可。

图 5-31

第 6 章 打造富有科技感的城市风光照片

　　城市是现代人生活中必不可少的一部分，它们作为社会、文化和工业中心，承载着人类的繁荣与发展。随着科技的不断发展，现代城市呈现出了越来越多的未来感、科技感和现代感，这些元素反映在建筑、交通、灯光等方面，形成了独具特色的城市风格。

　　本章将学习如何打造一个科技感十足的城市风格。通过调整颜色、灯光、建筑等元素，能打造出一种充满未来感和科技感的城市景观。调整前后的对比如图6-1 和图 6-2 所示。

图 6-1

图 6-2

阴影 / 高光调整，追回更多细节

　　首先，将照片导入 Photoshop 中，如图 6-3 所示。

图 6-3

当前的照片中，部分暗部区域过黑，亮部区域太亮，因此可以借助"阴影 /
高光"命令追回更多暗部和亮部的细节。

单击"图像"菜单，选择"调整"—"阴影 / 高光"，如图 6-4 所示。

图 6-4

在弹出的"阴影 / 高光"对话框中，对各个参数进行调整，如图 6-5 所示，
调整完毕之后，单击"确定"按钮。

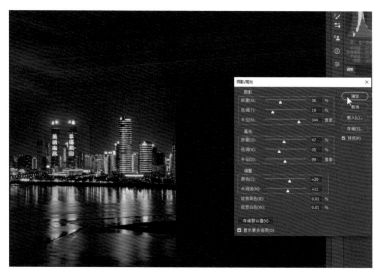

图 6-5

用"照片滤镜"统一照片色调

当前的照片色彩比较杂，这里我们可以尝试使用"照片滤镜"功能对画面渲染冷色调，快速统一画面色调。

在"调整"面板中，单击"照片滤镜"按钮。在"属性"面板中，选择"Cooling Filter(80)"，提高"密度"值，勾选"保留明度"复选框，如图 6-6 所示。

图 6-6

调整和优化照片色彩

在"调整"面板中，单击"可选颜色"按钮，对红色进行调整，降低"青色"和"洋红"值，提高"黄色"和"黑色"值，如图6-7所示。

图 6-7

对黄色进行调整，降低"青色"值，提高"洋红"值，降低"黄色"值，提高"黑色"值，如图6-8所示。

对绿色进行调整，降低"青色"值，提高"洋红"值，提高"黄色"值，提高"黑色"值，如图6-9所示。

对青色进行调整，提高"青色"值，降低"洋红"值，提高"黄色"值，提高"黑色"值，如图6-10所示。

图 6-8   图 6-9   图 6-10

对蓝色进行调整，提高"青色"值，降低"洋红"值，提高"黄色"值，降低"黑色"值，如图6-11所示。

对洋红进行调整，降低"青色"值，降低"洋红"值，提高"黄色"值，降低"黑色"值，如图6-12所示。

对白色进行调整，降低"青色"值，提高"洋红"值，提高"黄色"值，如图6-13所示。

对中性色进行调整，降低"青色"值，降低"洋红"值，降低"黄色"值，提高"黑色"值，如图6-14所示。

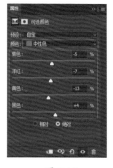

图6-11   图6-12   图6-13   图6-14

最后，对黑色进行调整，提高"青色"值，降低"洋红"值，降低"黄色"值，降低"黑色"值，如图6-15所示。

图6-15

可以看到，此时的照片画面整体更干净和协调。

在"调整"面板中，单击"色相/饱和度"按钮，对红色进行调整，将"色相"滑块往左移动，如图6-16所示。

图 6-16

对青色进行调整，提高"饱和度"值，降低"明度"值，如图6-17所示。

图 6-17

对绿色进行调整，将"色相"滑块向左移动，降低"明度"值，如图 6-18 所示。

图 6-18

对蓝色进行调整，将"色相"滑块向左移动，提高"饱和度"值，如图 6-19 所示。

图 6-19

在"调整"面板中，单击"曲线"按钮，创建一个曲线调整图层，调整曲线，压暗暗部，提亮亮部，如图 6-20 所示。

图 6-20

对绿色曲线进行调整，压暗曲线，如图 6-21 所示。
对红色曲线进行调整，压暗曲线，如图 6-22 所示。

图 6-21

图 6-22

在"调整"面板中，单击"颜色查找"按钮，3DLUT 文件选择"2Strip. look"，将该图层的"不透明度"降低为 33% 左右，如图 6-23 所示。

图 6-23

制作倒影，提升画面表现力

调整完毕之后，对照片进行二次构图，裁剪后的效果如图 6-24 所示。接下来，我们制作水中的倒影效果。

图 6-24

盖印一层图层，选择"多边形套索工具"，选中照片中建筑物以及天空的部分，单击"图层"菜单，选择"创建"——"通过拷贝的图层"，如图 6-25 所示。

图 6-25

此时，建筑物和天空的部分被创建为了名为"图层 2"的图层，如图 6-26 所示。

选中该图层，将鼠标指针放置在选区的位置上，并且右键单击该选区。在弹出的快捷菜单中，选择"垂直翻转"选项，如图 6-27 所示。

图 6-26

图 6-27

调整翻转后图像的位置，如图 6-28 所示。

为翻转后的图层添加一个蒙版，如图 6-29 所示。

图 6-28

图 6-29

选中翻转后的图层，单击"滤镜"菜单，选择"模糊"—"动感模糊"，如图 6-30 所示。

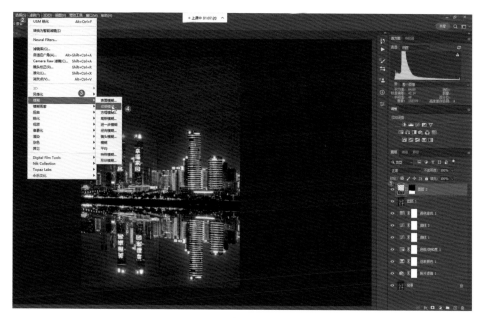

图 6-30

在"动感模糊"对话框中,"角度"值调整为 90 度,"距离"值调整为 150 像素左右,如图 6-31 所示。调整完毕之后,单击"确定"按钮。观察图像,可以发现此时的倒影更加逼真。

图 6-31

最后,对照片的饱和度进行调整。首先,对整体的饱和度进行调整,创建一个新的色相 / 饱和度调整图层,提高"饱和度"值,如图 6-32 所示。

图 6-32

对洋红的饱和度进行调整,提高"饱和度"值,如图 6-33 所示。

图 6-33

对红色进行调整，将"色相"滑块向左移动，提高红色的"饱和度"值，如图 6-34 所示，一张充满科技感的城市风光照片就打造完成了。调整完毕之后，拼合图像，对照片进行保存即可。

图 6-34

第 7 章　低饱和度人文照片的处理技巧

低饱和度的人文图像指的是在色彩饱和度较低的情况下所呈现的人文主题的图像。它通常具有柔和、温暖的色调，色彩相对较淡，不太鲜艳或强烈。这种风格的图像营造出一种沉静、内敛的氛围，能够更好地表达情感、思考和人文关怀等。低饱和度的人文图像通常追求自然、真实和沉浸感，而不是过分强调色彩的鲜亮和对比度的强烈。它可以带给观者一种舒适、静谧的感受，同时也有助于突出主题的情感表达和故事的讲述。

这种风格的人文图像可以运用在纪实摄影、人物肖像、街拍、风景等各种类型的摄影中，以表达思考、情感、温暖和人性的内涵。它强调细腻的观察和捕捉瞬间的能力，通过抑制色彩的饱和度，使观者更加专注于画面中的人物故事、情感体验和内在表达。

本章将学习如何打造低饱和度的人文图像，可以通过改变曝光度、突出色调等方式来创造出灰暗、柔和的色调，从而降低图像的饱和度。尽量避免使用明亮、鲜艳的颜色，特别是红色、黄色等强烈的色彩，以减轻画面的压迫感，从而增加柔和感。

调整前后的对比如图 7-1 和图 7-2 所示。

图 7-1

图 7-2

调整和优化照片明暗

将素材照片导入 Photoshop 界面中，如图 7-3 所示。

图 7-3

首先，对照片的明暗度进行调整，降低整体的亮度。

选中"背景"图层，单击"创建新图层"按钮，新建一个背景图层。单击
"图像"菜单，选择"调整"—"阴影 / 高光"，如图 7-4 所示。

图 7-4

在弹出的"阴影 / 高光"对话框中，分别对阴影和高光进行调整，可以根据
需要调整图像的阴影和高光区域的亮度、对比度和颜色，增加中间调的值。可以

使用滑块或输入具体数值来微调这些参数，如图 7-5 所示。调整阴影可以使暗部细节更清晰或更柔和，而调整高光则可以使亮部的细节更突出或更柔和，以改善图像的明暗效果和视觉感受。调整完毕之后，单击"确定"按钮即可。

图 7-5

在左侧的工具栏中，选择"套索工具"，将照片中草地的区域大致选中，如图 7-6 所示。

图 7-6

单击"调整"面板中的"曲线"按钮，创建一个曲线调整图层，压暗曲线，如图 7-7 所示。

图 7-7

单击"蒙版"按钮，调整"羽化"值，使选区或边缘变得柔和、平滑，以达到自然过渡的效果，如图 7-8 所示。

图 7-8

选择"渐变工具"，前景色选择白色，选择"径向渐变"，降低"不透明度"值，对画面中天空和山的部分进行调整，如图 7-9 所示。

图 7-9

制作低饱和度的画面效果

接下来，对照片的色彩进行调整。在"调整"面板中，单击"色相/饱和度"按钮，对色相和饱和度进行调整。在"属性"面板中，首先对"黄色"进行调整，降低"黄色"的"饱和度"和"明度"值，将"色相"滑块向左移动，如图 7-10 所示。

图 7-10

对绿色进行调整，将绿色的"色相"滑块向左移动，降低绿色的"饱和度"和"明度"值，如图 7-11 所示。

接着，对蓝色进行整体调整，将"色相"滑块向左移动，降低蓝色的"饱和度"和"明度"值，如图 7-12 所示。

图 7-11   图 7-12

统一画面色调

在对图像进行色彩调整的过程中，有时候需要将多个部分的颜色进行统一，以达到更统一的色彩效果。对于衣服和天空这两个不同的区域，它们都含有类似的蓝色，那么可以通过以下步骤来将它们的颜色进行统一。

选择"手动工具"，吸取人物衣服上的蓝色，单击"添加到取样"按钮，然后吸取天空中的蓝色，对这两部分的蓝色同时进行调整，降低"饱和度"和"明度"值，如图 7-13 所示。

图 7-13

照片局部影调和色彩的优化

人物的帽子颜色过于鲜亮，我们需要降低帽子的亮度。在左侧的工具栏中，选择"快速选择工具"，调整快速选择工具的大小，选中帽子的部分，如图 7-14 所示。

图 7-14

单击"曲线"按钮，压暗曲线，如图 7-15 所示。

图 7-15

单击"蒙版"按钮，对"羽化"值进行调整，如图 7-16 所示。此时，帽子的亮度变暗。

图 7-16

利用快速选择工具将人物的面部选中，如图 7-17 所示。

图 7-17

同样地，新建一个曲线调整图层，提升曲线，如图 7-18 所示，对人物面部进行提亮。

图 7-18

　　选中"色相/饱和度1"图层，单击"调整"面板中的"色阶"按钮，对色阶进行调整，如图 7-19 所示。对色阶进行调整的目的是优化图像的对比度和色彩平衡。调整色阶，可以改变图像中不同亮度级别的分布，使黑色和白色更加纯粹、中间色调更饱满。这可以改善图像的整体明暗效果，增加细节的展现，并提升图像的视觉冲击力。

图 7-19

其中，黑点滑块控制图像中最暗区域的黑色水平，将其向右移动会增加黑色的浓度，增强对比度；白点滑块控制图像中最亮区域的白色水平，将其向左移动会增加白色的浓度，增强对比度；中点滑块控制中间区域的灰色水平，移动中点滑块可以调整中间色调的对比度。

单击"调整"面板中的"曝光度"按钮，降低"曝光度"值，降低图像中过亮区域的亮度，从而增加图像的整体对比度和细节。适当调整"灰度系数校正"的值，微调图像的色彩平衡，使其更加准确和自然，如图 7-20 所示。

图 7-20

观察照片的直方图，如图 7-21 所示，可以看出照片整体高光部分略微不足。

图 7-21

单击"调整"面板中的"曲线"按钮，创建一个新的曲线调整图层，压暗曲线，将整体的高光部分降低，如图7-22所示。

图 7-22

将"曝光度1"图层选中，单击鼠标左键拖动图层至"曲线4"图层，如图7-23所示。将"曝光度1"的调整应用到"曲线4"图层上，这样做可以确保"曝光度1"的修改对"曲线4"产生影响，从而实现两个图层之间的信息传递和图像调整的叠加效果。此时会弹出提示消息，如图7-24所示，单击"是"按钮即可。

图 7-23

图 7-24

人物服装的红色部分过于鲜艳，由于我们要打造一张低饱和度的图像，所以需要降低红色部分的亮度和饱和度。为实现这一目的，我们需要创建一个新的色相/饱和度图层，并对人物的服饰进行调整。具体地，选择这个图层中的"红色"选项，然后降低红色部分的"饱和度"和"明度"值。如图7-25所示。

图 7-25

在左侧的工具栏中，选择"画笔工具"，前景色选择黑色，调整"不透明度"和"流量"，对人物的面部进行还原，如图 7-26 所示。

图 7-26

对于草地部分的颜色进行调整，单击"调整"面板中的"可选颜色"按钮，选择"绿色"，降低"青色"值，提高"洋红"和"黄色"值，适当降低"黑色"值，如图 7-27 所示。黑色通常用于控制亮度或颜色饱和度的值。通过降低

"黑色"值，可以降低图像的亮度和饱和度，使颜色变得更灰暗或淡化。反之，可以提高颜色的饱和度，使颜色更加鲜艳和饱满。

图 7-27

选择"黄色"，降低"青色"值，适当提高"洋红"和"黄色"值，如图 7-28 所示。

图 7-28

最后，盖印一个图层，盖印图层的快捷键是"Ctrl+Alt+Shift+E"（Windows）或"Command+Option+Shift+E"（Mac）。使用盖印图层功能的好处是，可以将所有可见图层的内容合并到一个新的图层上，从而减少图层数量，简化图层结构，并方便后续编辑和处理。选择"污点修复画笔工具"，将画面中有污点的地方进行去除，去除前的效果如图 7-29 所示，去除后的效果如图 7-30 所示。

图 7-29

图 7-30

选择"套索工具"，将草地部分大致选出，如图 7-31 所示。

图 7-31

新建一个曲线调整图层，压暗曲线，如图 7-32 所示。

单击"蒙版"按钮，提高"羽化"值，使草地之间更好地过渡，如图 7-33 所示。

图 7-32   图 7-33

照片调整完毕，将图层进行合并，再对照片进行保存即可。

第8章　黑白人文照片的后期技巧

本章将介绍如何利用图像处理技术制作黑白版的人文图像。

相比于普通的彩色图像，黑白图像更加注重对比度、光影和氛围感的表现，能够营造出独特的视觉效果。调整前后的效果对比如图 8-1 和图 8-2 所示。

图 8-1　　　　　　　　　　　　　图 8-2

彩色图像转黑白的技巧

首先，将素材导入 Photoshop 界面中，如图 8-3 所示。

图 8-3

单击"图像"菜单，选择"调整"—"去色"，如图 8-4 所示。去色的作用是将彩色图像转换为黑白或灰度图像，从而去除所有颜色信息，仅保留亮度信息。

117

去色之后的效果如图 8-5 所示。去除颜色并不代表完美地完成了低饱和度人文效果，我们还需要控制影调。

图 8-4

图 8-5

照片局部明暗调整，强化主体

单击工具栏中的"快速选择工具"，单击"选择主体"按钮，此时画面中人物主体已经被选中。选中背景图层，单击"创建新图层"按钮，创建一个图层。如图 8-6 所示。

图 8-6

　　单击"选择"菜单，选择"反选"，如图 8-7 所示。反选之后的效果如图 8-8
所示。

图 8-7

图 8-8

　　使用曲线工具将高光压暗。创建一个曲线调整图层，降低曲线，如图 8-9
所示。

图 8-9

　　然而，在应用高光压暗效果时，可能会导致人物边缘出现问题。我们可以进
行羽化处理，单击"蒙版"按钮，调整"羽化"值，如图 8-10 所示。

图 8-10

　　选择"画笔工具",前景色选择黑色,调整画笔大小,降低画笔的"不透明
度"和"流量",在边缘周围使用黑色画笔进行修复,如图 8-11 所示。

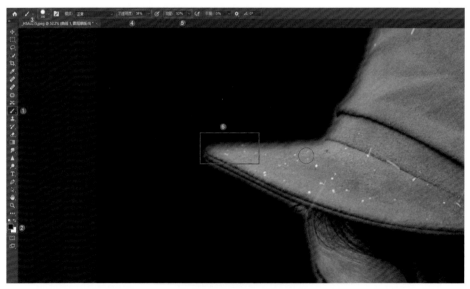

图 8-11

　　如果人物边缘产生了光晕,我们可以单击"调整"面板中的"曲线"按钮,
创建新的曲线调整图层,根据图像再次进行压暗处理,如图 8-12 所示。

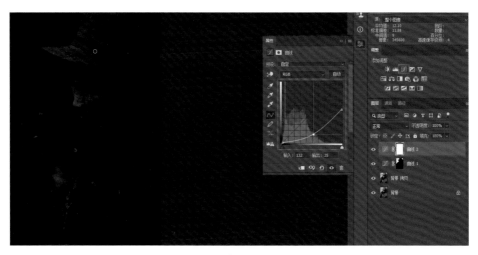

图 8-12

用鼠标左键单击"曲线 1"图层的蒙版，载入选区，进行扩展。单击"选择"菜单，选择"修改"—"扩展"，如图 8-13 所示。通过"扩展"选项，可以将当前选区向外扩展一定像素的距离。这样可以使得蒙版的影响范围更大，涵盖更多的图像区域。扩展选区后，蒙版的边缘会相应地发生变化。

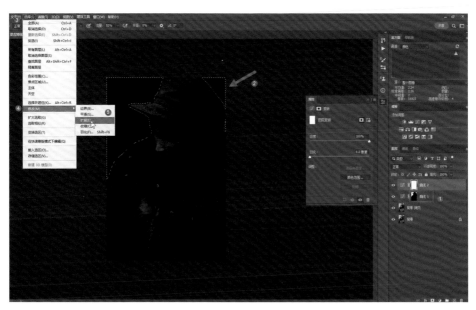

图 8-13

在弹出的"扩展选区"对话框中,"扩展量"调整为15像素左右,如图8-14所示。扩展选区可以使蒙版的过渡更加平滑,减少明暗变化的突变,从而在调整明暗度时产生更自然的效果。

扩展完成后,添加一个蒙版并将其应用于选区。可以先删除原来的蒙版,选择"曲线2"图层的蒙版,右键单击选中的蒙版,在弹出的快捷菜单中选择"删除图层蒙版",如图8-15所示。

图 8-14   图 8-15

单击"添加蒙版"按钮蒙版添加,如图8-16所示。

图 8-16

整个图像呈现出灰暗的效果,我们可以通过控制色阶来调整中间调和高光值,使图像变亮。在"调整"面板中,单击"色阶"按钮,对色阶进行调整,如图8-17所示。

图 8-17

　　然后，针对人物的局部区域进行处理，特别是亮度较高的地方。在工具栏中选择"套索工具"，将画面中亮度较高的区域选中，如图 8-18 所示。

图 8-18

创建一个新的曲线调整图层，压暗曲线，如图 8-19 所示。

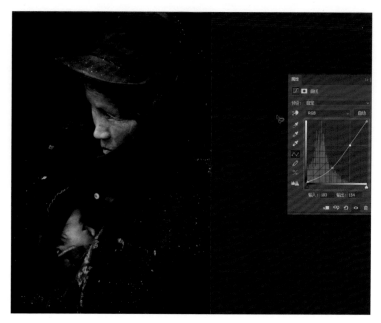

图 8-19

接着，可以对选区进行羽化。单击"蒙版"按钮，调整"羽化"值。选中"画笔工具"，前景色选择白色，降低画笔的"不透明度"和"流量"，对刚刚调整的选区用白色画笔轻轻涂抹，实现过渡效果，如图 8-20 所示。

图 8-20

124

　　完成上述步骤后，我们可以选择人物的额头和眼睛区域，进行微调。选择
"套索工具"，将人物的额头和眼睛区域选中，如图 8-21 所示。

图 8-21

　　创建一个曲线调整图层，提亮曲线，如图 8-22 所示。单击"蒙版"按钮，进
行羽化，如图 8-23 所示。

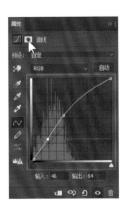

图 8-22

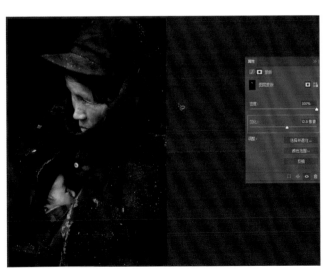

图 8-23

锐化处理，优化照片画质

接下来，可以给整个图像进行锐化处理，以增强清晰度。盖印一个图层，单击"滤镜"菜单，选择"锐化"—"USM 锐化"，如图 8-24 所示。

图 8-24

在弹出的"USM 锐化"对话框中，调整"数量"为 170% 左右，"半径"为 1 像素左右，"阈值"调整至 8 即可，如图 8-25 所示。

调整完毕之后单击"确定"按钮。

增添氛围：制作下雪效果

原始图像中有些微弱的下雪效果，但不够明显。为了增强氛围感，新建一个空白图层，选择

图 8-25

126

"画笔工具"，然后找到雪花形状的画笔，如图 8-26 所示。

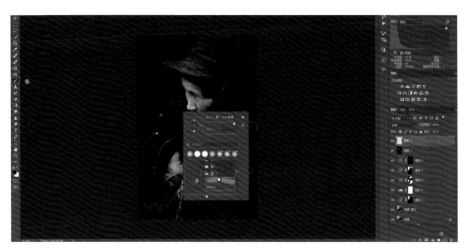

图 8-26

在前景色中选择白色，因为雪花是白色的。调整画笔的大小，设置"不透明度"和"流量"值，并在图像上添加一些雪花，如图 8-27 所示。

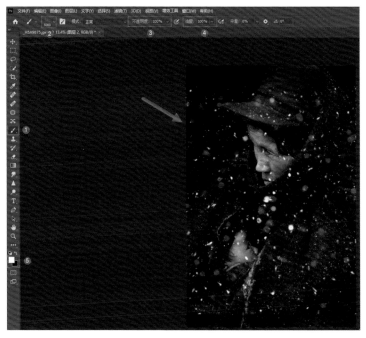

图 8-27

如果需要在特定区域添加雪花，可以使用自由变换工具进行拉伸。单击"编辑"菜单，选择"自由变换"，如图8-28所示。

对雪花进行拉伸，如图8-29所示。

图 8-28

图 8-29

完成拉伸后，再适当将人物主体的雪花减少一些，以避免过多覆盖眼睛区域。为"图层2"添加一个蒙版，选择"渐变工具"，前景色选择黑色，选择"径向渐变"，调整"不透明度"，对人物的眼睛以及周围区域进行调整，减小雪花，如图8-30所示。

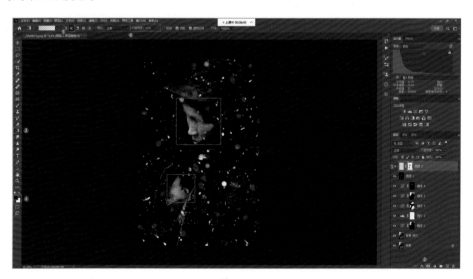

图 8-30

最后，创建一个曲线调整图层，提升暗部细节，增加对比度，避免画面过度黑暗，如图 8-31 所示。同时，稍微降低雪花图层的"不透明度"，如图 8-32 所示，以融入画面。调整完毕之后，拼合图像，保存照片即可。

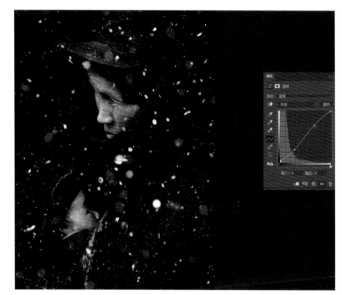
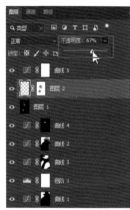

图 8-31　　　　　　　　　　　　　　　　图 8-32

通过以上步骤，我们完成了一个黑白图像的制作。制作黑白图像并不仅仅是简单的去色处理，而是通过调整对比度和影调等因素，营造出整体氛围和渲染效果。

第 9 章　一般建筑类照片的后期技巧

　　对于一般的建筑类题材，建筑物的整体外观、构成、线条、材质、设计理念等都是很好的表现对象，但整体来看，对于建筑透视的校正，以及对建筑物表面质感的强化，又是最重要的两个环节。

案例：一般建筑照片的后期处理技巧

　　下面介绍一个比较综合的建筑照片的后期处理案例。

　　在这个案例中，我们将会对照片中建筑的几何畸变进行调整，并且强化建筑的质感。

　　看原图，我们会发现画面整体的影调层次不够合理，暗部比较黑；建筑部分出现了不规则的几何畸变；天空的色彩过于偏蓝，显得不够协调，如图 9-1 所示。处理时，对建筑部分进行了畸变的校正，对天空部分协调了色彩，还强化了建筑部分的质感，效果如图 9-2 所示。实际上对于一般的建筑照片，我们都可以采用这种思路进行调整。

图 9-1　　　　　　　　　　　　　　　　图 9-2

　　下面看具体的处理过程。首先，将拍摄的 RAW 格式文件拖入 Photoshop，会自动载入 ACR。

对于这张照片我们可以首先校正几何畸变。在右侧的面板中单击展开"几何"面板,如图 9-3 所示。

图 9-3

类似于这种不规则的几何畸变,直接进行自动、水平或竖直校正,都很难将建筑的几何畸变调整好,因此我们直接单击右侧的手动调整。

将鼠标指针移动到建筑上应该是水平的一条线上单击,然后不要松开鼠标,保持按住状态,将鼠标指针移动到线条的另外一端,这样我们就建立了一条参考线,建立参考线之后,照片没有变化,如图 9-4 所示。

图 9-4

接下来我们再找到建筑上另外一条存在的（应该水平）线条上，用同样的方法建立参考线。通过两条参考线，我们可以看到建筑的水平发生了较大变化，如图 9-5 所示，已经将照片的水平调整到位。

图 9-5

接下来，我们再用相同的办法，为照片当中的竖向线条建立参考线。建立第一条参考线后我们会发现，建立参考线所在的竖直线被调整到了比较准确的程度上，如图 9-6 所示。再用同样的方法，为建筑另外一侧的竖直线建立参考线，如图 9-7 所示。可以看到经过 4 条参考线的调整，建筑外壁就被校正得比较规整了。

图 9-6

图 9-7

　　如果感觉校正的效果还不够准确，那么我们还可以单击参考线并按住鼠标进行拖动，改变参考线的位置；还可以将鼠标指针移动到建立参考线时所选择的点上，改变参考线的倾斜程度，从而让校正的程度更加准确，如图 9-8 所示。

图 9-8

　　建筑几何畸变校正到位之后，在工具栏中选择"裁剪工具"，裁掉照片四周不够紧凑的部分，在保留区域内双击鼠标左键，完成照片的二次构图，如图 9-9 所示。

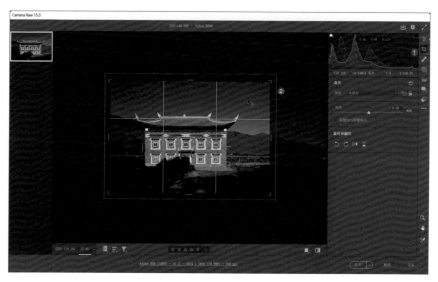

图 9-9

之后回到"基本"面板，在其中对照片的影调层次进行调整，主要包括提高"曝光"值、降低"高光"值、提高"阴影"值、降低"白色"值，缩小画面的反差，追回暗部的细节，如图 9-10 所示。

图 9-10

此时我们可以在照片显示区右下角单击"在原图效果图之间切换"按钮，对比原图和效果图，可以看到调整之后画面发生了较大变化，如图 9-11 所示。

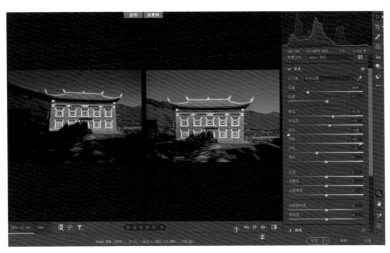

图 9-11

之后我们再次单击右侧第三个按钮，如图 9-12 所示，将当前的效果复制到原图位置，可以看到此时的原图就变为与效果图完全一样。我们之所以这样操作，是为了观察对建筑质感的强化效果。

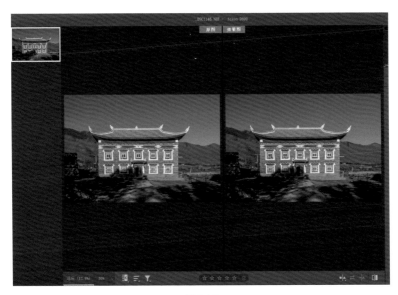

图 9-12

在右侧"基本"面板下方，我们提高"去除薄雾"值，可以看到画面色彩发生了变化，如图 9-13 所示，清晰度变高。去除薄雾调整主要是平面级的调整，可以强化天空、背景、建筑等不同平面间的差别，对于质感的强化反而不是那么明显。

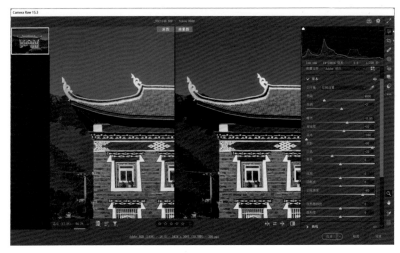

图 9-13

接下来我们将"去除薄雾"值归 0，再大幅度提高"清晰度"值，可以看到画面色彩没有发生明显变化，但是建筑的轮廓却更加清晰，如图 9-14 所示。清晰度调整，可对景物轮廓进行强化，所以说，清晰度调整是轮廓级的调整。

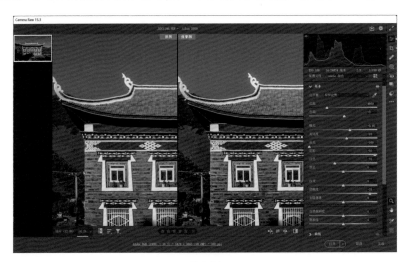

图 9-14

我们再提高"纹理"值，会发现一些细节变得更清晰，如图 9-15 所示。从调整效果来看，纹理调整是像素级的清晰度强化。

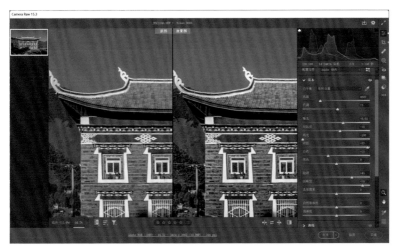

图 9-15

对于本图来说，我们主要提高的是"纹理"与"清晰度"值，通过提高这两个值就可以强化建筑部分的清晰度，从而让建筑的质感得到强化。

强化建筑的质感之后，接下来我们再解决照片当中天空色彩过重的问题。

切换到"混色器"面板，如图 9-16 所示，在其中选择"明亮度"选项卡，降低蓝色的明亮度，避免天空部分过亮；之后再切换到"饱和度"选项卡，降低绿色草地的色彩饱和度，降低蓝色天空的饱和度，这样可以让天空与草地部分色感变弱，而建筑部分则不发生变化，如图 9-17 所示。照片的调整基本完成。

图 9-16

图 9-17

　　之前我们对建筑质感进行强化时，实际上调整的是全图的质感，即整个背景的山体以及近景的地面部分的清晰度都得到了强化。

　　如果我们只想强化建筑部分的清晰度，还可以借助于蒙版功能来实现。具体操作是，回到"基本"面板，我们将"纹理"和"清晰度"值先恢复到 0 的位置，也就是，取消纹理和清晰度的调整，如图 9-18 所示。

图 9-18

　　在右侧工具栏中单击选择蒙版，然后选择"画笔工具"，在画笔参数中提高"纹理"与"清晰度"值，然后将画笔移动到建筑上单击并按住鼠标进行涂抹，用画笔进行局部的调整，这样就只强化了建筑部分的清晰度和纹理，从而只强化这部分的质感，而确保山体以及近处的地面部分不发生清晰度的变化，这是比较合理的建筑质感强化方法，如图9-19所示。

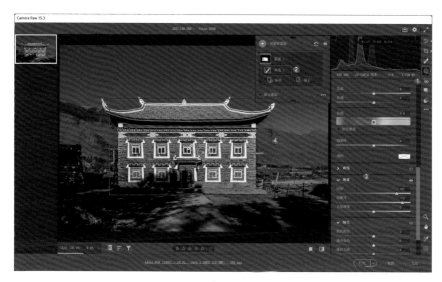

图 9-19

　　在主界面右上角单击"存储"按钮，打开"存储选项"对话框，在其中设置照片的保存位置、输出照片的文件格式、色彩空间，并调整输出照片的尺寸，最后单击"存储"按钮，如图9-20所示，将调整之后的照片保存就可以了。

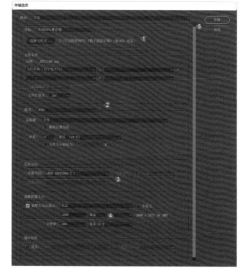

图 9-20

第 10 章 提升古建筑照片的艺术表现力

古建筑作为人类文明的重要遗产之一，具有丰富的历史和文化意义。本章我们将学习如何调整古建筑的照片，以精确调整图像的亮度、对比度和色调，创造出更为真实、生动的色彩和光影效果，从而更好地展现古建筑的历史和文化价值。调整前后的对比如图 10-1 和图 10-2 所示。

图 10-1   图 10-2

优化照片的基本层次细节

首先，将照片导入到 Photoshop 中，如图 10-3 所示。

图 10-3

在"调整"面板中，单击"曲线"按钮，稍微提亮图像的亮部，压暗图像的暗部，如图 10-4 所示。

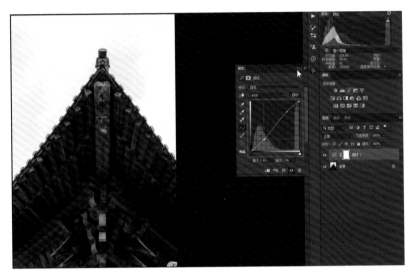

图 10-4

利用 AI 技术进行换天操作

选中"背景"图层，单击"编辑"菜单，选择"天空替换"，如图 10-5 所示。天空替换是一种常见的图像后期处理技术，可以用于改变照片中天空的外观。

图 10-5

在弹出的"天空替换"对话框中，可以对具体的参数进行调整。当替换天空时，有时替换后的边缘可能与原始图像中的物体或细节不完全匹配。这时，可以使用"移动边缘"功能来微调替换后的天空边缘，使其与原始图像更加无缝衔接。"渐隐边缘"会对替换后的天空边缘进行柔化处理，使其渐渐融入原始图像的颜色和纹理中。"缩放"用于调整替换后天空的大小比例，使其与原始图像更协调。"前景光照"是指天空替换后，需要将前景物体（例如建筑、树木等）的光照效果与新的天空融合。"边缘光照"可以添加适当的光照效果，以使天空和前景物体之间的边缘更加自然平滑。替换后的天空可能与原始图像中的颜色有所不同，这就需要对前景物体进行相应的"颜色调整"，调整前景物体的颜色和对比度，使其与新的天空更加协调、自然。

调整完毕之后，单击"确定"按钮，如图 10-6 所示。

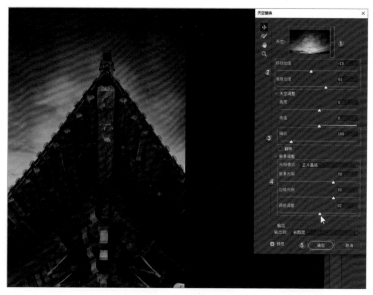

图 10-6

协调合成后照片的影调与色彩

单击"选择"菜单，选择"天空"，如图 10-7 所示。将天空的选区选中，然后单击"选择"菜单，选择"反选"，如图 10-8 所示。

142

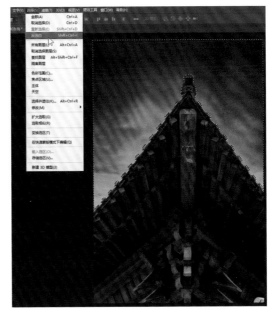

图 10-7　　　　　　　　　　　　　　　　　图 10-8

反选之后的效果如图 10-9 所示。

在"调整"面板中，单击"曲线"按钮，创建一个曲线调整图层，压暗曲线，如图 10-10 所示。

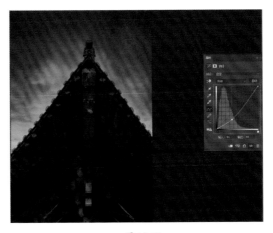

图 10-9　　　　　　　　　　　　　　　　　图 10-10

在"调整"面板中，单击"色相 / 饱和度"按钮，对红色进行调整，单击"剪切到图层"按钮，降低红色的"饱和度"和"明度"值，如图 10-11 所示。

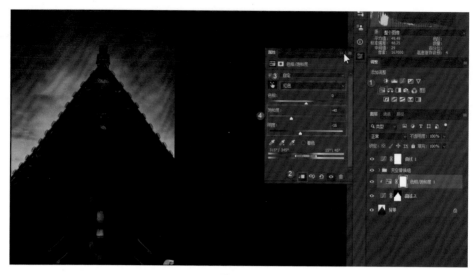

图 10-11

再次单击"调整"面板中的"曲线"按钮创建一个曲线调整图层，压暗曲线，如图 10-12 所示。

图 10-12

照片转黑白，并优化影调

盖印一个图层，单击"图像"菜单，选择"调整"—"去色"，如图 10-13 所示。

图 10-13

去色之后的效果如图 10-14 所示。

单击"调整"面板中的"曲线"按钮，创建一个曲线调整图层，提亮曲线，如图 10-15 所示。

图 10-14

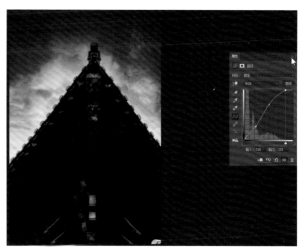

图 10-15

接下来，对天空进行压暗。选择"快速选择工具"，选择天空部分，如图 10-16 所示。

单击"调整"面板中的"曲线"按钮，创建曲线调整图层，压暗曲线，如图 10-17 所示。

图 10-16   图 10-17

修复照片中的瑕疵

选中"图层 1",选择"污点修复画笔工具",对照片中斑点较多的地方进行处理,如图 10-18 所示。修复之后的效果如图 10-19 所示。

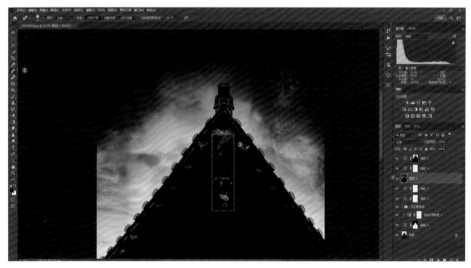

图 10-18

对照片中较亮的部分进行压暗。利用"快速选择工具",选中较亮的区域,如图 10-20 所示。

图 10-19　　　　　　　　　　　　　　　　图 10-20

　　单击"调整"面板中的"曲线"按钮，创建一个曲线调整图层，压暗该曲线，降低选中区域的亮度，如图 10-21 所示。

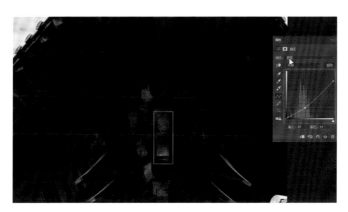

图 10-21

　　单击"蒙版"按钮，调整"羽化"值，如图 10-22 所示。

图 10-22

去除照片右下角多余的瓦片，选中右下角的瓦片，如图 10-23 所示。

单击"编辑"菜单，选择"填充"，如图 10-24 所示。

图 10-23

图 10-24

在弹出的"填充"对话框中，内容选择"内容识别"，如图 10-25 所示，单击"确定"按钮即可消除。

调整完之后，单击"调整"面板中的"色阶"按钮，创建一个新的色阶调整图层，对色阶进行调整，如图 10-26 所示。

图 10-25

图 10-26

选中"图层 1"，选中"减淡工具"，前景色选择黑色，调整减淡工具的大小，范围选择"中间调"，降低"曝光度"值，如图 10-27 所示。

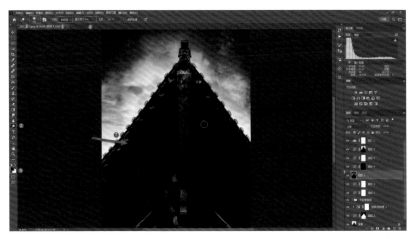

图 10-27

锐化处理，提升照片画质

　　盖印一个图层，单击"滤镜"菜单，选择"锐化"—"USM 锐化"，如图
10-28 所示。

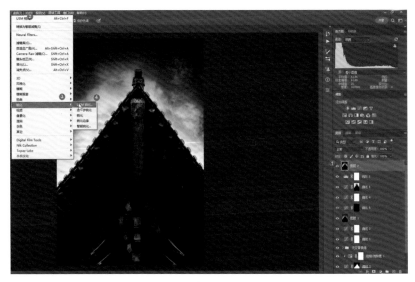

图 10-28

　　在弹出的"USM 锐化"对话框中，调整锐化的"数量""半径"以及"阈

值"，如图 10-29 所示，调整完毕之后单击"确定"按钮。

此时的天空也已经被锐化了，为了使天空不被锐化，我们可以先利用快速选择工具将天空部分进行选中，如图 10-30 所示。

图 10-29

图 10-30

为"图层 2"添加一个蒙版，双击蒙版，进入到"属性"面板，单击"反相"按钮，如图 10-31 所示。此时，锐化的部分只有建筑物。

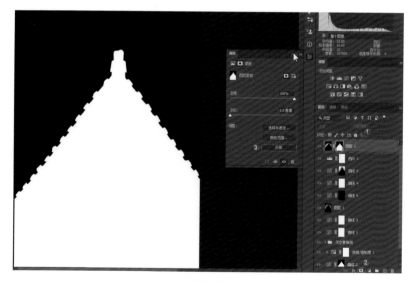

图 10-31

最后，合并图层，将照片进行保存即可。

第 11 章　打造冷暖对比的古建效果

观察图 11-1 所示的这张照片，这是拍摄于一个古建筑群的作品。拍摄的视角非常出色，选择的古建筑的形状和特色也很好。最重要的是，在主体的位置上有一个天井，靠近这个地方可以隐约看到有人在烤火。接下来，我们将这张照片打造成雨夜冷暖色调对比的图片，调整之后的效果如图 11-2 所示。

图 11-1

图 11-2

照片基础调整，并创建智能对象

将照片导入到 ACR 中，先打造暖色调。将色温向着黄色方向调整，提高"曝光"值，提高"清晰度"和"去除薄雾"值，如图 11-3 所示。调整完毕之后，单击右下角的下拉框选择"打开对象"，单击"打开对象"按钮，将照片导入到 Photoshop 界面中。

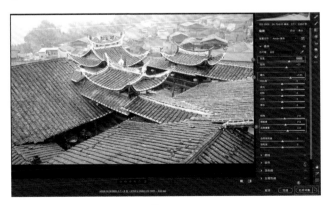

图 11-3

右键单击图层，在弹出的快捷菜单中选择"通过拷贝新建智能对象"，如图11-4所示。创建图层之后如图11-5所示，双击下方的图层，回到ACR界面中。

图 11-4

图 11-5

白平衡选择"原照设置"，如图11-6所示。

图 11-6

制作并优化冷暖对比色调

接下来，我们将照片打造成冷色调。将色温向蓝色方向调整，色调向绿色方向调整。降低"曝光"值，提高"对比度"值，提高"阴影"值，提高"黑色"值，如图 11-7 所示。

图 11-7

调整完毕之后，单击"确定"按钮，进入到 Photoshop 界面。单击"冷暖对比"图层左侧按钮，将冷色调的效果隐藏。选择"多边形套索工具"，将天井区域选中，如图 11-8 所示。

图 11-8

将"冷暖对比"图层效果显示，并单击"添加蒙版"按钮，为"冷暖对比"

153

图层添加一个图层蒙版,如图 11-9 所示。

　　进入到蒙版的"属性"面板,单击"反相"按钮,调整"羽化"值,如图 11-10 所示。

图 11-9　　　　　　　　　　　　　　　　　　　图 11-10

　　将天井的区域放大,对选择区域时多选的区域进行恢复,例如屋檐。选择"画笔工具",前景色选择白色,调整画笔的大小,设置"不透明度"值为 50% 左右,如图 11-11 所示,对屋檐等区域进行涂抹。

图 11-11

154

调整完毕之后，按住"Ctrl"键，单击图层蒙版，将除天井外的区域选中，如图 11-12 所示。然后，单击"选择"菜单，选择"反选"，反选之后的效果如图 11-13 所示，将天井的部分再次选中。

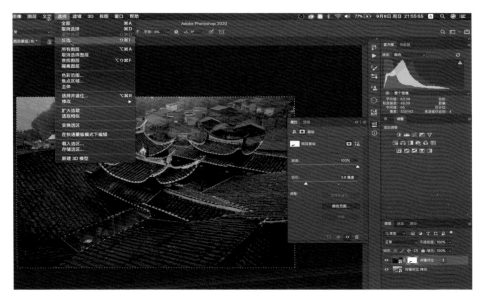

图 11-12

图 11-13

单击"调整"面板中的"曲线"按钮，创建一个新的曲线调整图层，对该区域进行调整，如图 11-14 所示，提亮曲线。

图 11-14

单击"蒙版"按钮,对"羽化"值进行调整,如图 11-15 所示。

图 11-15

调整完毕之后,再单击"调整"面板中的"曲线"按钮,创建一个曲线调整图层,对照片整体进行调整,如图 11-16 所示,将曲线压暗。

然后,对于不需要压暗的地方进行恢复。选择"渐变工具",前景色选择黑色,选择"径向渐变",调整"不透明度",对画面中不需要压暗的地方进行提亮,如图 11-17 所示。

图 11-16

图 11-17

　　再次按住 "Ctrl" 键，单击图层蒙版，将天井的区域选中。然后单击 "选择" 菜单，选择 "反选"，如图 11-18 所示。

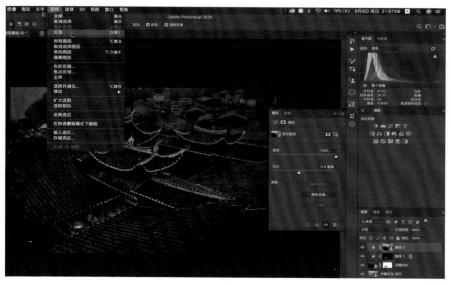

图 11-18

对照片中的蓝色色调进行加强，在"调整"面板中，单击"照片滤镜"按钮，创建新的照片滤镜调整图层，滤镜选择"冷却滤镜（82）"，并适当地调整"密度"值，如图 11-19 所示。

图 11-19

制作下雨的效果

调整完毕之后，拼合图像。最后，我们制造下雨的效果。将雨水素材照片导入背景图层，调整照片位置及其大小，如图 11-20 所示，并将雨水图层的混合模式改为"滤色"，照片呈现出非常唯美的雨夜效果。

图 11-20

第 12 章　打造极简风格的古建筑照片

本章我们将探索如何创作极简风格的古建筑作品。极简主义是一种以简洁、清晰和精确为特征的艺术风格，它追求去除多余的元素和复杂性，将焦点集中在核心要素上。

案例调整前后的对比如图 12-1 和图 12-2 所示。

图 12-1

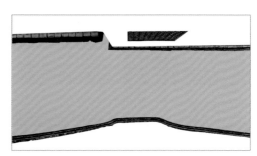

图 12-2

照片基础调整，并载入 Photoshop

首先，将照片导入到 ACR 中。单击"自动"按钮，提高"黑色"值，如图 12-3 所示。调整完毕之后，单击右下角的"打开"按钮，将照片导入到 Photoshop 界面中，如图 12-4 所示。

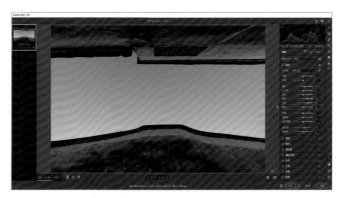

图 12-3

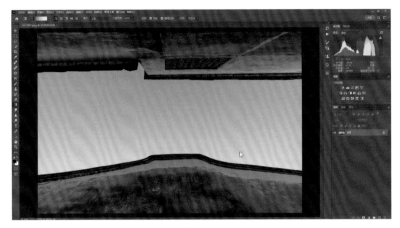

图 12-4

调整照片不同区域

　　首先，对照片中的墙壁进行调整。在左侧工具栏中选择"快速选择工具"，将下方的墙壁选中，如图 12-5 所示。

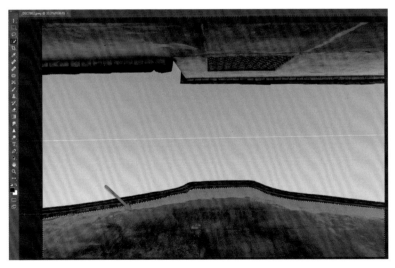

图 12-5

　　在"调整"面板中，单击"曲线"按钮，创建一个曲线调整图层，调整曲线，直到墙壁变成白色，如图 12-6 所示。

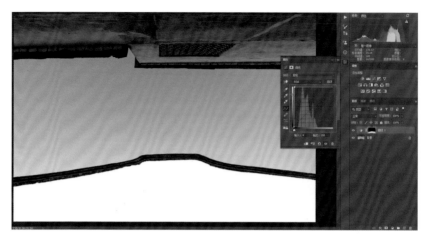

图 12-6

单击"蒙版"按钮，调整"羽化"值，如图 12-7 所示。

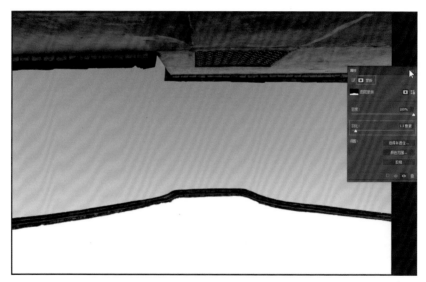

图 12-7

同样地，要调整上方的墙壁。由于其不规则，使用"快速选择工具"难以选中，因此我们可以采用"多边形套索工具"，该工具适用于创建复杂的选区。

在左侧的工具栏中选择"多边形套索工具"，在图像上单击鼠标左键来设置起始点，移动鼠标指针并单击下一个位置，这将创建第一条直线段。继续单击鼠标并移动，创建更多的直线段，直到所需的形状完成。每次单击都会创建一条新的直线段，并与前一条直线段相连。如果需要调整直线段的位置，可以按住鼠标左键并拖动直线段的端点。当回到起始点时，双击鼠标左键以闭合多边形选区。

在选中墙壁后，我们需要去除窗户的区域，只对墙壁进行调整。此时，单击"从选区减去"按钮，将窗户部分选中即可。具体的操作如图 12-8 所示。

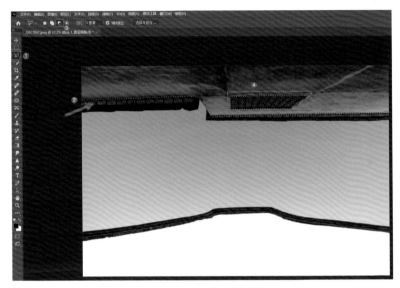

图 12-8

同样地，单击"调整"面板中的"曲线"按钮，创建一个曲线调整图层，调整曲线，直到墙壁变成白色，如图 12-9 所示。

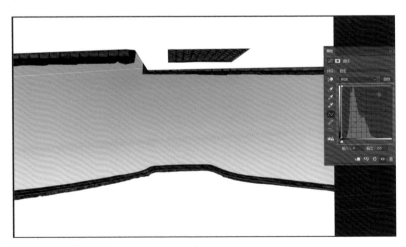

图 12-9

单击"蒙版"按钮，进行羽化，如图 12-10 所示。

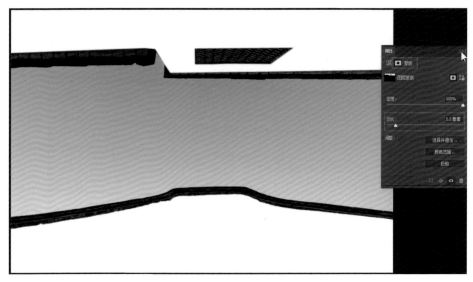

图 12-10

然后，对天空部分进行调整。在"调整"面板中，单击"曝光度"按钮，提高"曝光度"值，如图 12-11 所示。

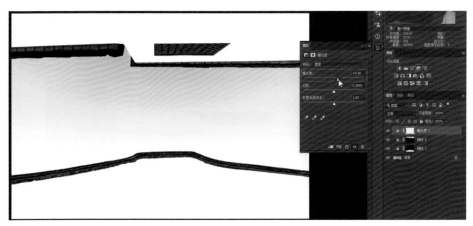

图 12-11

单击"调整"面板中的"曲线"按钮，再次创建一个曲线调整图层，使用目标调整工具精确地选择并调整图像中的天空颜色或色调范围。

在曲线调整面板中，你会看到一个手形图标，这就是目标调整工具。选择

"目标调整工具"，将鼠标指针悬停在需要调整的区域，你会注意到鼠标指针变成一个吸管图标，如图 12-12 所示。

图 12-12

将它放置在图像上你想要调整的颜色或色调区域上，此时你会发现吸管图标变成手形图标，如图 12-13 所示。单击并向上拖动目标调整工具，曲线调整面板中的曲线也会发生变化，如图 12-14 所示。

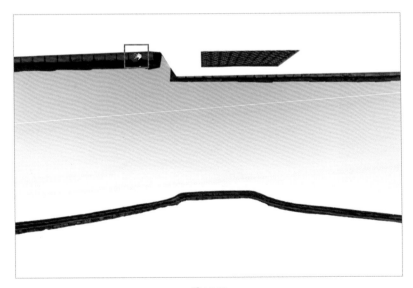

图 12-13

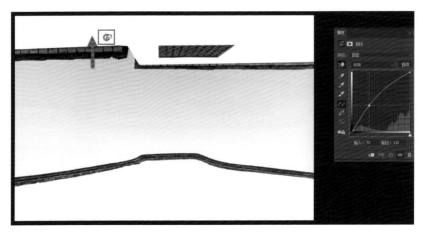

图 12-14

照片局部调色与优化

接下来，对天空部分进行调整。选择"快速选择工具"，将天空部分进行选中，如图 12-15 所示。

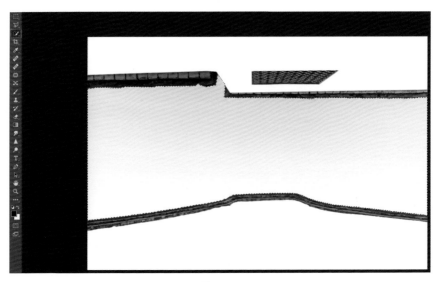

图 12-15

单击"创建新图层"按钮，新建一个图层，如图 12-16 所示。

单击前景色，调整前景色，调整完毕之后单击"确定"按钮即可，如图 12-17 所示。

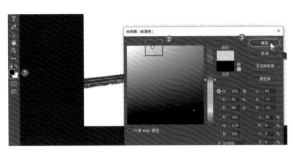

图 12-16　　　　　　　　　　　　　　　　　图 12-17

单击"编辑"菜单，选择"填充"选项，如图 12-18 所示。

在"填充"的对话框中，内容选择"前景色"，如图 12-19 所示。

图 12-18　　　　　　　　　　　　　　图 12-19

填充之后的效果如图 12-20 所示。

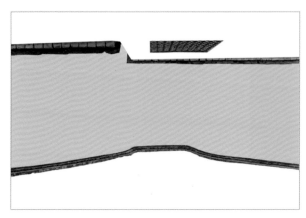

图 12-20

接下来，调整屋檐部分的亮度。首先，盖印一个图层，为"图层 2"。在左侧的工具栏中选择"减淡工具"，范围设置为"中间调"，降低"曝光度"值，然后对屋檐的部分进行涂抹，如图 12-21 所示。

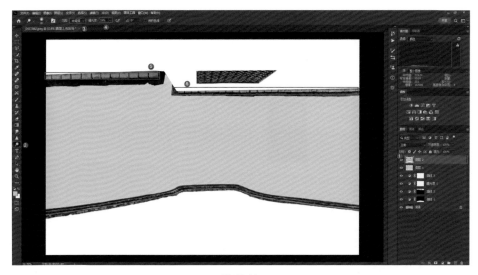

图 12-21

在 Photoshop 中，减淡工具的作用是增加图像中某些区域的亮度和对比度，以突出或增强这些区域的细节。它可以使暗部或中间调变得更加明亮，通常用于调整照片中的人物面部细节或特定区域的曝光度。

然后，对窗户的部分进行调整。选择"快速选择工具"，将窗户的部分选中。然后单击"创建新图层"按钮，创建一个新图层，为"图层 3"。选择"画笔工具"，修改前景色为红色，如图 12-22 所示。

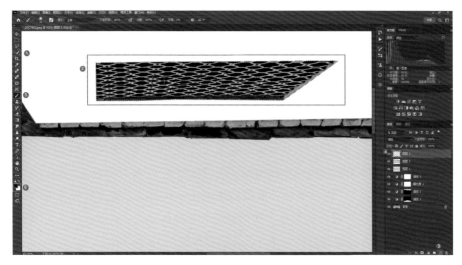

图 12-22

用"画笔工具"涂抹窗户的部分，涂抹之后的效果如图 12-23 所示。

考虑到窗户部分颜色过于鲜艳，我们需要降低其亮度。单击"调整"面板中的"曲线"按钮，创建一个曲线调整图层，降低曲线，如图 12-24 所示。

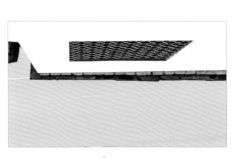

图 12-23

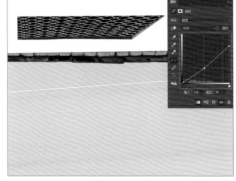

图 12-24

接下来，对天空的色彩进一步调整。在"调整"面板中，单击"色相 / 饱和度"按钮，对"青色"进行调整，"色相"滑块往右侧调整，提高"饱和度"值，降低"明度"值，如图 12-25 所示。

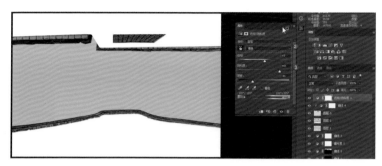

图 12-25

　　最后，我们处理照片中的杂色。盖印一个图层，为"图层 4"。然后单击
"创建新图层"按钮，创建一个新图层，为"图层 5"。将"图层 5"图层的混合
模式改为"饱和度"，饱和度混合模式的作用是根据图层上像素的饱和度值，与
下方图层的颜色进行混合和调整。然后选择"画笔工具"，前景色调整为黑色，
对照片中出现杂色的地方进行涂抹。具体的操作如图 12-26 所示。

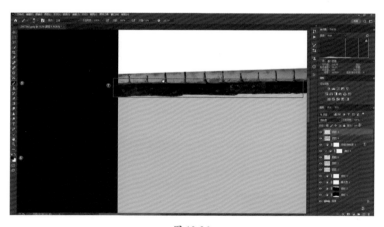

图 12-26

　　涂抹之后的效果如图 12-27 所示。
　　至此，照片调整完毕，最后合并图
层，将照片进行保存即可。

图 12-27

第 13 章　花卉照片二次构图技巧

花卉摄影的后期处理中，二次构图是一项重要技巧。大多数花卉摄影需要进行二次构图，目的是突出主体、调整位置或改变构图方式。

构图 1：裁掉四周，放大主体

首先，将照片导入 ACR 中，如图 13-1 所示。以第一张照片为例，我们希望突出蜜蜂采蜜的场景，但当前的构图中蜜蜂位于画面中间，显得有些平淡。此外，这是一张接近微距效果的照片，蜜蜂的大小不够明显。因此，我们可以通过调整蜜蜂的位置和放大蜜蜂来改变构图形式，使其更加引人注目。

图 13-1

选择"裁剪工具"，对画面进行裁剪，找到一个适合的位置，然后确定裁剪范围，如图 13-2 所示。

确定裁剪范围之后，双击鼠标左键应用裁剪，如图 13-3 所示。经过裁剪后，蜜蜂的位置会更加合理。当然，如果你喜欢其他的构图方式，也可以继续调整，例如让蜜蜂稍微居中一点，但不要放在正中间。通过这样的调整，蜜蜂的形态和纹理会更加突出，位置也更加适宜。这是最常见的构图方式之一。

图 13-2

图 13-3

构图2：封闭变开放，提升冲击力

下面是第二种构图方式，也是一张蜜蜂采蜜的照片，如图 13-4 所示。整体画面显得平淡，缺乏冲击力。针对这种封闭式构图，我们可以只选取照片的一部分，将其转换为开放式构图。

图 13-4

使用裁剪工具，缩小画面并确定范围，如图 13-5 所示。

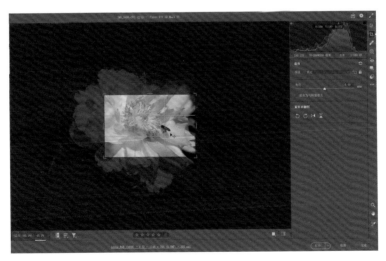

图 13-5

双击鼠标左键应用裁剪，如图 13-6 所示，画面就会呈现出更强的表现力和视觉冲击力，形式也会有较大的变化，与原图完全不同。

图 13-6

构图 3：裁掉不紧凑的部分，突出主体

第三种情况是要突出莲蓬与凋落的荷花花瓣，如图 13-7 所示，但当前场景显得有些宽广，莲蓬和花瓣的表现力不够突出，形态和质感也不够突出。因此，我们可以裁掉周围过于空旷的部分，让主体突出。

图 13-7

选择"裁剪工具"，向中间拖动四周的裁剪框，确定合适的范围，如图 13-8 所示。

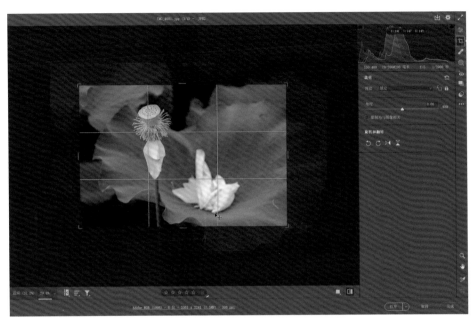

图 13-8

　　双击鼠标左键应用裁剪，如图 13-9 所示。经过裁剪后，莲蓬的形态和质感会更加强烈，更加突出。当然，还可以微调位置，让其稍稍居中一些，效果会好很多。

图 13-9

构图4：通过二次构图改变主体位置

最后一种情况是荷花位于画面左上角，不够居中，如图 13-10 所示。如果将其稍微调整到居中位置，效果会更好。在这种情况下，只需要调整主体的位置并进行适当的裁剪，而无需完全居中，否则画面会显得过于平凡。

图 13-10

选择"裁剪工具"，确定裁剪范围，如图 13-11 所示。

图 13-11

　　经过调整后，画面的主体会更突出，并具有意境，如图 13-12 所示。以上就是花卉摄影中常见的一些二次构图形式。

图 13-12

第 14 章　利用 AI + 蒙版制作黑背景花卉照片

本章我们将学习如何制作黑背景或深色背景的花卉照片。调整前后的对比如图 14-1 和图 14-2 所示。

图 14-1

图 14-2

照片基础调整

将照片导入到 ACR 中，如图 14-3 所示。

图 14-3

在本章之前，我们已经对这张照片进行过二次构图，可以看到当前的构图相对来说是比较合理的。进入到"基本"面板，对照片的影调、层次等进行初步的调整，并且提高"纹理"值，提高"清晰度"值，强化轮廓和质感，如图 14-4 所示。调整完毕之后，单击"确定"按钮，将照片导入 Photoshop 界面中，如图 14-5 所示。

图 14-4

图 14-5

我们想要的是除花卉之外，大部分区域变为黑色，制作一种黑背景的效果。当然要注意的是，如果所有的其他景物都是纯黑色的，那么环境感会比较差，画面就会比较呆。最好是让大部分区域变为纯黑，只留下花叶的线条，并有隐隐的轮廓，这样意境就出来了。

利用 AI "主体" 识别处理背景

单击"选择"菜单，选择"主体"，如图 14-6 所示，可以看到主体花朵的选择非常准确，如图 14-7 所示，效果非常好。

图 14-6

图 14-7

接下来，我们需要选择花卉之外的整个环境。单击"选择"菜单，选择"反选"，如图 14-8 所示，这样我们就选择了花卉之外的所有区域，如图 14-9 所示。

图 14-8

图 14-9

利用曲线压暗背景

然后，单击"调整"面板，单击"单一调整"子面板，选择"曲线"，如图 14-10 所示。

图 14-10

压暗曲线，如图 14-11 所示。

图 14-11

利用画笔工具还原细节

然而，正如之前所述，此时的照片缺乏一些环境感，看起来呆板而生硬。

因此，我们可以在工具栏中选择"画笔工具"，前景色设置为白色，调整画笔的大小，稍微降低"不透明度"和"流量"值，在荷叶的边缘线条位置涂抹一些白色，以遮挡部分压暗的效果，从而揭示出荷叶的轮廓。这样做能够为照片增添一些细节，如图 14-12 所示。

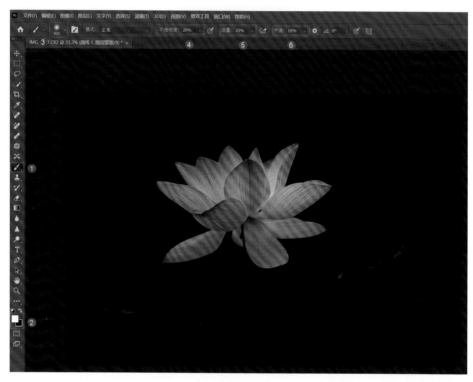

图 14-12

现在，我们可以看到这是一张具有暗背景效果的照片，并且荷叶有隐约的轮廓，整体效果大幅提升。如果觉得整个背景仍然太暗，我们可以稍微降低上方曲线调整图层蒙版的"不透明度"，以展示一些轮廓。这样仍然会保持暗背景的效果，但环境感会更加突出，画面的意境可能会更好。具体调整不透明度和使用画笔对下方荷叶进行涂抹的程度，需要根据具体的照片来决定。

最后，保存照片即可。

第 15 章　利用 AI 技术虚化花卉照片的背景

本章我们介绍如何对花卉照片进行模糊处理，得到更浅的景深，也就是得到更模糊的背景效果。调整前后的对比如图 15-1 和图 15-2 所示。

图 15-1

图 15-2

照片基础调整

将照片导入到 ACR 中，如图 15-3 所示。

图 15-3

在"基本"面板中，降低"高光"值，提高"纹理"值，如图 15-4 所示。

图 15-4

照片色彩协调

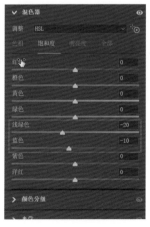

图 15-5

找到"混色器"面板，降低浅绿色和蓝色的饱和度，如图 15-5 所示。

对色相进行调整，降低"绿色""浅绿色"和"蓝色"值，如图 15-6 所示，单击"打开"按钮，将照片导入到 Photoshop 界面中，如图 15-7 所示。

图 15-6

图 15-7

利用 AI 技术提高背景的虚化度

按键盘上的"Ctrl+F"组合键，调出 Photoshop 的"发现"面板，如图 15-8 所示。

在"发现"面板中，找到"快速操作"工具，单击进入到"快速操作"面板，选择"模糊背景"，如图 15-9 所示。

单击"套用"按钮，如图 15-10 所示。

图 15-8

图 15-9

图 15-10

套用之后的效果如图 15-11 所示。此时，我们会发现背景不够模糊。

单击"高斯模糊"按钮，如图 15-12 所示。

图 15-11

图 15-12

在弹出的"高斯模糊"对话框中，调整"半径"值，如图 15-13 所示，调整完毕之后，单击"确定"按钮。

图 15-13

选中"背景 拷贝"图层的蒙版，在左侧的工具栏中选择"画笔工具"，前景色选择黑色，调整画笔的大小，调整画笔的"不透明度"和"流量"，处理主体边缘不自然的部分，如图 15-14 所示。调整完毕后，记得保存照片即可。

图 15-14

第 16 章　多重曝光创意

本章将介绍如何通过后期技术制作多重曝光的照片效果。

多重曝光是一种将两个或多个图像叠加在一起的方法，通过将不同的元素融合在一起，可以创造出独特而富有艺术感的照片作品。在本章中，我们将学习如何选择合适的素材图像，并运用图像编辑工具进行叠加和调整，以达到理想的效果。两张素材照片如图 16-1 和图 16-2 所示，调整之后的效果如图 16-3 所示。

图 16-1　　　　　　　　图 16-2　　　　　　　　图 16-3

载入并叠加素材照片

首先，将两张素材照片导入到 Photoshop 界面中，如图 16-4 所示。

图 16-4

　　打开第一张素材照片，然后找到第二张素材照片，将其文件窗口拖动到第一张素材照片的窗口上方。在拖动第二张素材照片的同时按住"Shift"键，直到鼠标指针变为有加号的"+"符号，如图 16-5 所示。松开鼠标按钮，这样就会将第二张素材照片添加到第一张素材照片的界面中，如图 16-6 所示。按住"Shift"键的作用是保持导入的素材在水平或垂直方向上保持对齐。

图 16-5

图 16-6

改变图层混合模式制作多重曝光效果

将"图层 1"的混合模式改为"滤色",图层的"不透明度"调整为 70% 左右,如图 16-7 所示。

图 16-7

调整局部,优化多重曝光效果

选择"渐变工具",前景色选择黑色,选择"径向渐变","不透明度"调整为 25% 左右,对鸭的眼睛和嘴巴进行还原,具体的操作过程如图 16-8 所示。

图 16-8

　　滤色混合模式的原理是将图像上所有像素的颜色值取反后，再对其进行正片叠底混合。在滤色混合模式下，白色像素是完全透明的，黑色像素完全不透明。其他颜色的像素将以不同程度的透明度呈现出来，取决于其颜色和亮度值的具体组合。滤色混合模式可用于创建柔和的光晕效果、增加照明效果等多种场景。

　　最后，拼合图像，将照片进行保存。这样，一个多重曝光的创意照片就制作完成了。

第 17 章　制作流行的莫兰迪色调照片

莫兰迪色调是一种时尚的、暖和而柔和的色调，常用于设计和视觉艺术中。莫兰迪色调以深沉的棕红、棕黄和橙红为基础色调。它们通常带有一些灰度，呈现出一种低饱和度和暗沉的效果，给人一种温暖、柔和的感觉，营造出一种安详、宁静的氛围。莫兰迪色调类似于自然界中的土壤、树木和落叶等颜色，因此与自然元素相结合时能产生和谐的效果。同时，它也有一种复古的氛围，可以营造出一种优雅、经典的感觉。

本章我们将学习如何打造莫兰迪色调。调整前后的效果对比如图 17-1 和图 17-2 所示。

图 17-1

图 17-2

基础调整，追回高光和暗部细节

首先，将素材照片导入到 Photoshop 界面中，如图 17-3 所示。

制作该色调，首先要进行阴影高光调整。选中"背景"图层，单击"创建新图层"按钮，创建一个新图层。单击"图像"菜单，选择"调整"—"阴影 / 高光"，如图 17-4 所示。

图 17-3

图 17-4

　　在弹出的"阴影 / 高光"对话框中，调整阴影和高光的参数，并调整"颜色"和"中间调"，如图 17-5 所示。使整体更接近中调，降低对比度。

借助模糊调整让画质更平滑

　　单击"创建新图层"按钮，创建一个新图层。单击"滤镜"菜单，选择"模糊"—"高斯模糊"，如图 17-6 所示。

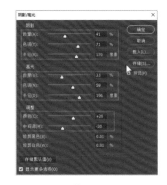

图 17-5

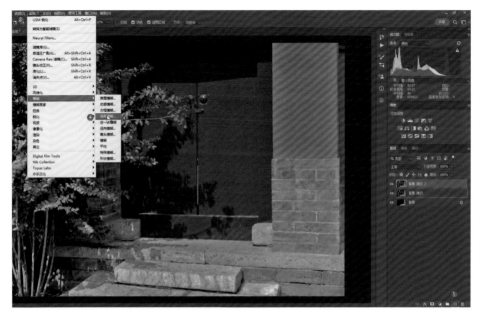

图 17-6

在弹出的"高斯模糊"对话框中，"半径"设置为 7.8 像素左右，如图 17-7 所示，单击"确定"按钮即可。此处模糊处理的目的是让照片变得更平滑、干净。

将该图层的"不透明度"调整为 40% 左右即可，如图 17-8 所示。

图 17-7

图 17-8

协调并统一画面色调

　　单击"调整"面板中的"色相 / 饱和度"按钮，创建一个色相 / 饱和度调整图层，颜色选择"红色"，将"色相"滑块向右移动，降低"饱和度"和"明度"值，如图 17-9 所示。

　　可以根据需要调整每个颜色的明度和饱和度，使颜色基调统一。

图 17-9

　　颜色选择"黄色"，"色相"滑块向右移动，降低"饱和度"和"明度"值，如图 17-10 所示。

图 17-10

制作莫兰迪色调效果

首先，新建一个空白图层，并填充一个较暗的黄绿色，将整体不透明度降低一点，使其符合莫兰迪色调的属性。具体操作如下。

创建一个空白图层，单击"拾色器"按钮，选择一个较暗的黄绿色调，如图 17-11 所示，选择好之后单击"确定"按钮。

图 17-11

单击"编辑"菜单，选择"填充"，如图 17-12 所示。

在"填充"对话框中，内容默认"前景色"，单击"确定"即可，如图 17-13 所示。

此时我们会得到如图 17-14 所示的图层。

图 17-12

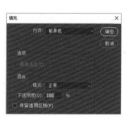

图 17-13

图 17-14

将该图层的"不透明度"设置为 30% 左右，观察画面变化，如图 17-15 所示。

图 17-15

完成这一步后，整个图像的对比度会变得灰暗，符合以中调为主的特点。然后，再添加一个偏向于黄色的较亮颜色。先创建一个空白图层，选择一个较亮的颜色，如图 17-16 所示，单击"确定"按钮。

此时，得到如图 17-17 所示的图层。

图 17-16

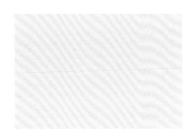

图 17-17

将该图层的混合模式改为"正片叠底"，如图 17-18 所示。此时，可以看到整个图像都被着上了相应的颜色。

图 17-18

完成上述步骤后，我们需要调整图像的明暗度。

首先，单击"调整"面板中的"曲线"按钮，创建一个曲线调整图层，将暗的部分压暗，将亮的部分进行提亮，如图 17-19 所示。

图 17-19

然后，单击"调整"面板中的"曝光度"按钮，创建一个曝光度调整图层，稍微提高"曝光度"和"位移"值，提高"灰度系数校正"值，如图 17-20 所示。位移调整控制图像的整体亮度级别。通过提高"位移"值，图像的亮度会增加，使得整个图像变亮。降低"位移"值会导致图像变暗。位移的调整类似于曝光补偿，可以用来纠正曝光过度或曝光不足的图像，使其达到更合适的亮度水平。

图 17-20

如果想让门保留原有的红色，可以单击"调整"面板中的"色彩平衡"按钮，通过创建一个色彩平衡的调整图层，对中间调进行调整来实现。提高"青色"值，提高"绿色"值，如图 17-21 所示，这样就能保留门上的红色了。

图 17-21

在"调整"面板中，单击"渐变映射"按钮，创建一个渐变映射调整图层，将该图层的混合模式改为"明度"，"不透明度"调整为 60% 左右，如图 17-22 所示。

图 17-22

单击"调整"面板中的"可选颜色"按钮，创建一个可选颜色的调整图层，颜色选择"红色"，降低"青色"值，提高"洋红"值，降低"黑色"值，如图

17-23 所示。这样，颜色就被统一了，变得相对淡雅。原本鲜艳的红色和绿色不再突出，而是偏向黄绿色调。

图 17-23

最后，在工具栏中选择"裁剪工具"，对照片进行二次构图，如图 17-24 所示，然后双击画面应用裁剪。将图层进行合并，保存照片即可。

图 17-24

第 18 章　"荷塘月色"效果的制作

　　本章我们来学习如何通过照片合成及调色，来打造"荷塘月色"的画面效果。调整前后的对比如图 18-1 和图 18-2 所示。

　　素材照片最大的优势在于荷花与荷叶一大一小，形成了对比和呼应，荷花和荷叶的形状相对比较完美。考虑到拍摄角度和光线方向，我们将这张照片打造成月光下幽静的荷花会比较合适。

图 18-1

图 18-2

初步调整素材并打开

　　首先，将准备好的月夜素材（见图 18-3）与荷花的素材导入 ACR 中，如图 18-4 所示。

图 18-3

图 18-4

　　为了后期更好地处理天空，我们需要将天空尽量调整成为白色。单击"自
动"按钮，先做一个自动的调整，提高"对比度"值，提高"去除薄雾"值，提
高"高光"值，提高"白色"值，如图 18-5 所示。此时，我们会发现天空已经变
得很白了，这对于我们后期照片的合成具有很大的帮助。

图 18-5

　　单击右下角的"打开"按钮，将照片导入到 Photoshop 界面中，如图 18-6 和
图 18-7 所示。

图 18-6

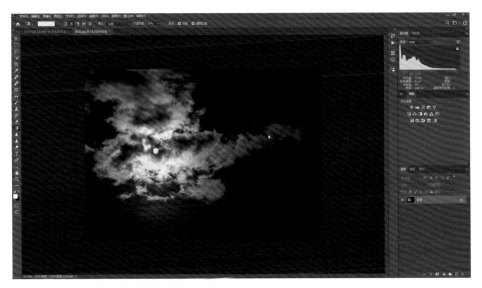

图 18-7

抠图并合成素材照片

接下来，我们需要对除荷花和荷叶之外的背景进行清除。选择"快速选择工具"，调整大小，单击鼠标左键将荷花与荷叶进行选中，或者单击鼠标左键并拖动鼠标将其选中，如图 18-8 所示。

把图像放大，将多选的部分进行去除。选择减去工具，如图 18-9 所示，单击需要从选区减去的部分，调整后的效果如图 18-10 所示。

图 18-8   图 18-9

接着，右键单击鼠标，在弹出的快捷菜单中选择"选择反向"，如图 18-11 所示。将除荷花和荷叶之外的区域选中，如图 18-12 所示。

图 18-10   图 18-11   图 18-12

单击"调整"面板中的"曲线"按钮，创建新的曲线调整图层，将曲线左下角的锚点拖动至最顶端，如图 18-13 所示。此时，这张照片变得干净整洁了。

图 18-13

单击"蒙版"按钮，进行羽化操作，"羽化"值调整为 1.8 像素左右即可，如图 18-14 所示。

选择"移动工具"，将月夜的素材拖至荷花素材的背景图层中，完成移动后，将图像进行拉伸，以覆盖整个画面，将月夜图层（即后文的"图层 1"）的混合模式改为"正片叠底"，如图 18-15 所示，使其融入背景中。

图 18-14

图 18-15

此时，荷花所具有的透视感和层次感会非常漂亮。为了平衡画面，需要将云彩多的部分移到图像的右边。单击鼠标右键，在弹出的快捷菜单中选择"水平翻转"，如图 18-16 所示。调整并移动到合适的位置，效果如图 18-17 所示。

图 18-16

图 18-17

去除合成痕迹，优化细节

接下来，我们需要将荷花与荷叶上天空的痕迹进行去除。按住"Ctrl"键，单击曲线调整图层的蒙版，将除荷花与荷叶之外的选区再次选中，右键单击选区，在弹出的快捷菜单中选择"选择反相"，此时就会得到荷花与荷叶的选区。单击鼠标左键选中"图层 1"，为其添加一层蒙版，如图 18-18 所示。

双击"图层 1"图层的蒙版，进入到"调整"面板，单击"反相"按钮，如图 18-19 所示，此时已经有了初步的效果。

图 18-18

图 18-19

选择"渐变工具"，前景色设置为白色，选择径向渐变，"不透明度"调整至20% 左右，对荷花和荷叶进行还原，如图 18-20 所示，适当营造出半透明的感觉。

图 18-20

由于完全融合，荷花的边缘会产生痕迹，我们需要对边缘进行处理。按住"Ctrl"键，单击"曲线 1"图层的蒙版，将选区再次进行选中，然后单击"图层1"的蒙版，将"图层 1"的蒙版进行选中，在"图层 1"的蒙版上进行调整。单击"选择"菜单，选择"修改"—"扩展"，如图 18-21 所示。

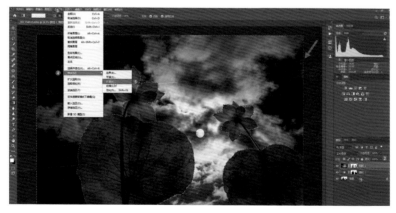

图 18-21

在弹出的"扩展"对话框中，"扩展量"调整为 1 像素，如图 18-22 所示，单击"确定"按钮。

单击"编辑"菜单,选择"填充",如图 18-23 所示。

在弹出的"填充"对话框中,我们需要填充白色,由于前景色我们已经选择了白色,所以要把默认的"内容识别"改为"前景色",如图 18-24 所示,此时填充的颜色就是白色,单击"确定"按钮。

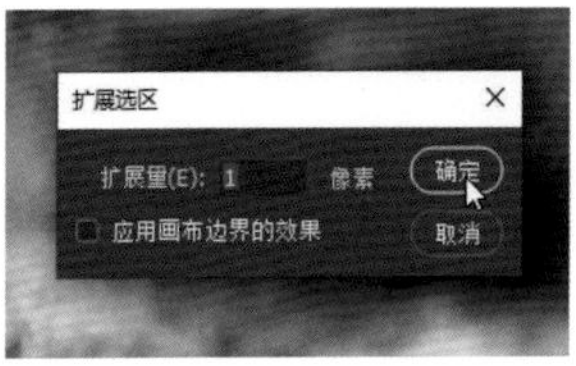

图 18-22

图 18-23

图 18-24

优化所合成照片的色调与影调

单击"色相 / 饱和度"按钮,进入"属性"面板,选择"蓝色",降低"明度"值,如图 18-25 所示。

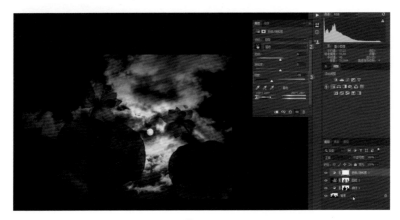

图 18-25

拼合图像，复制"背景"图层，单击"滤镜"菜单，选择"模糊"—"高斯模糊"，如图 18-26 所示。

图 18-26

"半径"设置为 30 像素左右即可，如图 18-27 所示，单击"确定"按钮。调整"不透明度"和"填充"值，调整后的效果如图 18-28 所示。

图 18-27   图 18-28

为了增加荷花的通透感，选择"套索工具"，将荷花和荷叶的形状大致选择出即可，如图 18-29 所示。

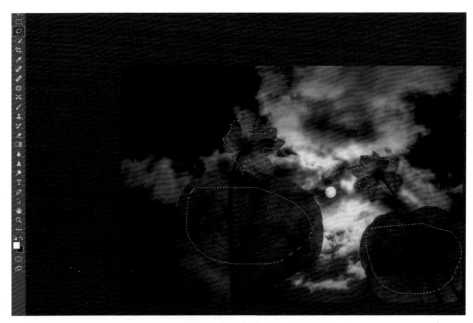

图 18-29

在"调整"面板中，单击"曲线"按钮，向上提升曲线，如图 18-30 所示。

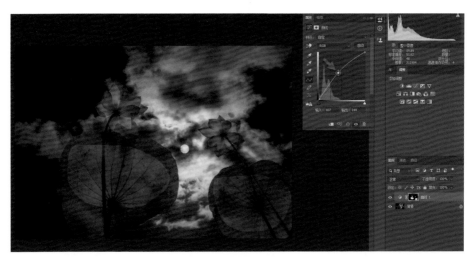

图 18-30

单击"蒙版"按钮，进行羽化的操作，提高"羽化"值，如图 18-31 所示。

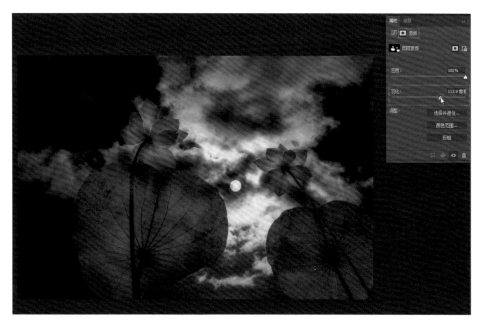

图 18-31

在"调整"面板中，单击"曲线"按钮，创建曲线调整图层，压低曲线，制造光影，如图 18-32 所示。

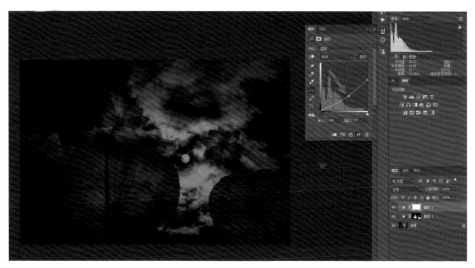

图 18-32

选择"渐变工具"，前景色选择黑色，选择径向渐变，"不透明度"设置为

20%左右，对荷花和荷叶进行还原，如图18-33所示。

单击"调整"面板中的"色相/饱和度"按钮，创建新的色相/饱和度调整图层，提高"饱和度"值，如图18-34所示。

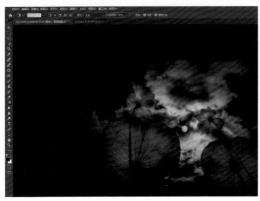

图 18-33   图 18-34

拼合图像，单击"调整"面板中的"曲线"按钮，然后单击"属性"面板中的单击"蒙版"，单击"颜色范围"按钮，如图18-35所示。

进入"色彩范围"对话框，利用吸管工具，吸取云彩的颜色，调整"颜色容差"为70%左右，如图18-36所示，单击"确定"按钮。

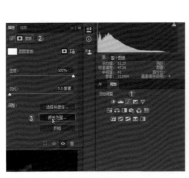
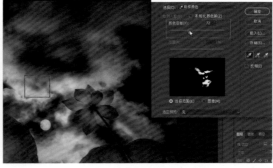

图 18-35   图 18-36

回到曲线调整图层，对蓝色通道、红色通道和绿色通道进行调整，如图18-37、图18-38和图18-39所示。

单击"蒙版"按钮，调整"羽化"值，将图层的"不透明度"调整至75%左右，如图18-40所示。

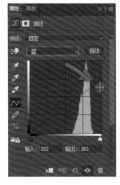
图 18-37

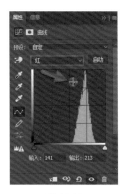
图 18-38

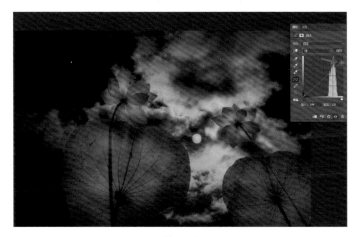
图 18-39

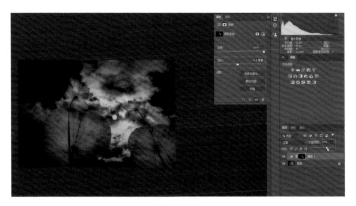
图 18-40

至此，照片处理完毕，拼合图像，保存照片即可。

第 19 章　更换天空，打造光影大片

　　本章我们将要学习如何更换照片中的天空。通过更换不同的天空，可以改变照片的整体色调和光线情况，从而为场景增加特定的氛围和情绪。也可以创造更加吸引人的视觉效果，使照片更具吸引力。通过选取各种不同的天空图像，为照片营造出独特的风格和个性。不同的天空可以传达不同的主题和故事，帮助照片与众不同，突显创意和想法。

　　调整前后的对比如图 19-1 和图 19-2 所示。

图 19-1

图 19-2

根据创意需求调整照片

　　本章素材采用的是一张拍摄于建筑工地的照片，原图相对比较平淡，没有任何的感染力。但是整张照片的线条感还是不错的，对于这张照片，我们需要变

换它的天空，打造成一张日落场景的照片，所以我们需要准备一张落日的素材照片，如图 19-3 所示。

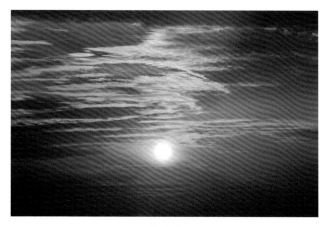

图 19-3

将照片导入 ACR 中，如图 19-4 所示。

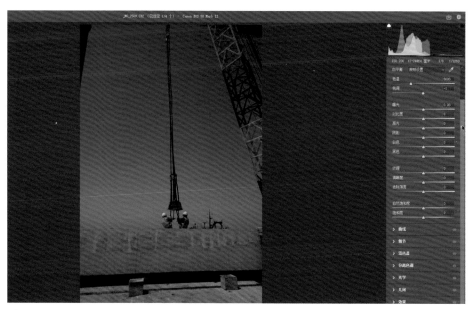

图 19-4

单击"自动"按钮，提高"对比度"值，降低"阴影"值，降低"黑色"值，适当降低"高光"值，提高"去除薄雾"值，如图 19-5 所示。

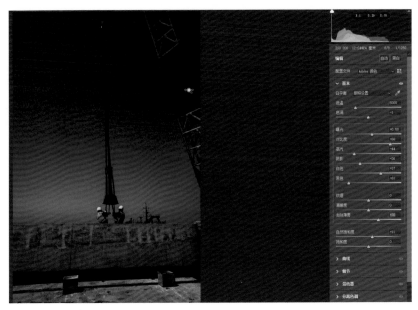

图 19-5

　　进入"混色器"面板，单击"明亮度"选项卡，将蓝色的明亮度提高至最大值，将红色、橙色和黄色的明亮度降低至最小值，如图 19-6 所示。

图 19-6

将照片导入 Photoshop 界面中，如图 19-7 所示。

图 19-7

抠图并合成照片

接下来，我们将蓝天进行选中。单击"调整"面板中的"曲线"按钮，在"属性"面板中单击"蒙版"，单击"颜色范围"按钮，如图 19-8 所示。

图 19-8

进入"色彩范围"对话框，选择"取样颜色"。接下来，选中第一个吸管，在照片中单击，选取照片中天空的颜色后，提高"颜色容差"值。然后，选择添加吸管，去选中天空中没有被选中的部位，如图 19-9 所示，选取好了之后，降低"颜色容差"值，如图 19-10 所示，单击"确定"按钮。

颜色容差是指在进行颜色选择、编辑或调整的过程中，允许的颜色差异范围。换句话说，它表示一个像素的颜色与所选颜色或目标颜色之间可以有多少差异。颜色容差用于控制选择范围的宽容程度，以便更灵活地选择、编辑或调整图像中的颜色。它可以帮助我们在进行色彩修正、选区、填充和抠图等操作时，更准确地选择所需的颜色范围。通过调整容差值，我们可以控制选择的严格程度。较低的容差值会限制选取的颜色范围，而较高的容差值则会扩大选取的范围。通常情况下，我们可以根据所需的准确性和细节来调整容差值，以获得最佳的选择结果。

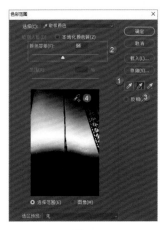

图 19-9

图 19-10

按住"Alt"键，单击"曲线 1"图层的蒙版，如图 19-11 所示。

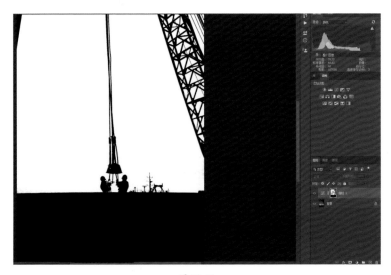

图 19-11

放大照片，我们会发现由于人物的衣服是蓝色的，所以在选中天空时，人物的衣服也被选中，如图 19-12 所示，所以呈现为白色。

选择"画笔工具"，选择前景色为黑色，"不透明度"为 100%，调整画笔的硬度和大小，单击衣服白色的区域，或者单击并拖动鼠标，调整后的效果如图 19-13 所示。

图 19-12

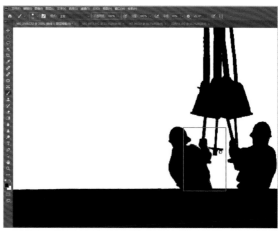

图 19-13

双击"曲线 1"图层，将曲线的最低处调至最高处，如图 19-14 所示。

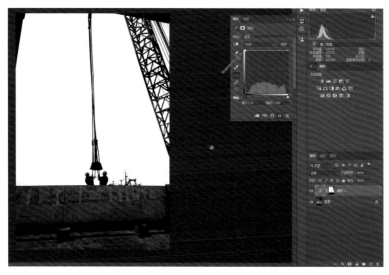

图 19-14

按住"Ctrl"键，单击"曲线1"图层的蒙版，单击"选择"菜单，选择"反选"，如图19-15所示。

图 19-15

再次单击"调整"面板中的"曲线"按钮，创建新的曲线调整图层，将曲线右上角的锚点调整至最低处，如图19-16所示。

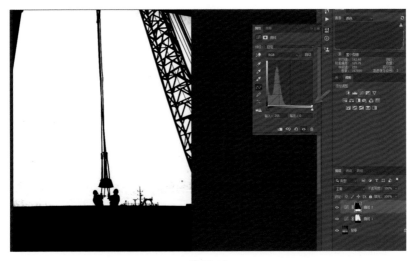

图 19-16

将天空的素材添加到背景图层上，将图层的混合模式改为"正片叠底"，如图 19-17 所示。

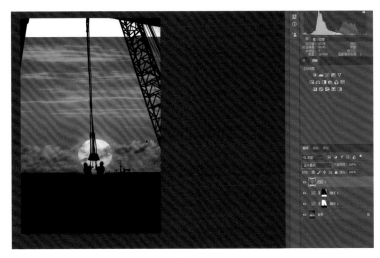

图 19-17

继续调整日落照片，将太阳的位置放置在人物的中心，选择"移动工具"，勾选"显示交换控件"复选框，如图 19-18 所示，将日落的照片向上拉伸，直至覆盖整个画面，调整后的效果如图 19-19 所示。

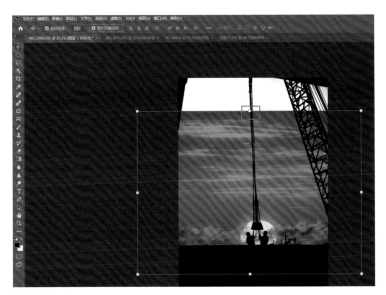

图 19-18

选中"曲线 2"图层，单击"调整"面板中的"黑白"按钮，创建新的黑白调整图层，调整"属性"面板中的各参数值，如图 19-20 所示。

图 19-19

图 19-20

局部细节的优化

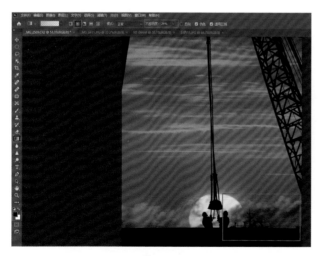

图 19-21

选中"曲线 1"，选择"渐变工具"，选择前景色为黑色，选择径向渐变，"不透明度"在 30% 左右，如图 19-21 所示，将照片中部分细节还原。右键单击图层空白处，在弹出的快捷菜单中选择"拼合图像"。

选择"套索工具"，将需要调整的地方选取出来，如图 19-22 所示。

图 19-22

单击"调整"面板中的"曲线"按钮，创建新的曲线调整图层，对选区进行调整，提升曲线，如图 19-23 所示。然后，单击"属性"面板中的"蒙版"，进行羽化的操作，调整"羽化"值，如图 19-24 所示。

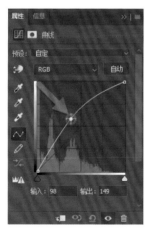

图 19-23

图 19-24

至此，照片处理完毕，拼合图层，再将照片保存即可。